"十四五"高等教育计算机辅助设计新形态系列教材

SolidWorks 三维造型案例教程

刘　海　薛俊芳　主　编
周　洁　乌日娜　刘　乐　副主编

中国铁道出版社有限公司

2024·北京

内 容 简 介

本书以案例方式,由浅入深、循序渐进、系统地介绍了 SolidWorks 2020 的草图、建模、装配和工程图模块的使用方法和操作技巧。主要内容包括 SolidWorks 2020 基础知识、简单零件设计实例、参数化草图设计、特征建模、实体编辑工具、装配体设计和工程图设计。

本书结合编者多年教学实践和实际应用经验,以教师课堂教学的形式安排内容,以单元讲解形式安排章节。每一节中,结合典型实例,按照操作步骤进行详细讲解,最后进行知识总结与拓展,并提供大量习题以供读者实战演练。

为了使读者直观掌握本书中的有关操作和技巧,每节实例均配有讲解视频,与文字相辅相成、互为补充,最大限度地帮助读者快速掌握本书内容,读者扫码即可观看。

本书既可以作为高等教育本科院校、高职院校及培训机构相关工科专业的 CAD 教材,也可以作为零基础读者学习 SolidWorks 建模技术的参考用书。

图书在版编目(CIP)数据

SolidWorks 三维造型案例教程/刘海,薛俊芳主编 .—
北京:中国铁道出版社有限公司,2023.4(2024.3 重印)
"十四五"高等教育计算机辅助设计新形态系列教材
ISBN 978-7-113-30014-2

Ⅰ.①S… Ⅱ.①刘… ②薛… Ⅲ.①机械设计-计算机辅助设计-应用软件-高等学校-教材 Ⅳ.①TH122

中国国家版本馆 CIP 数据核字(2023)第 040255 号

书　　名:**SolidWorks 三维造型案例教程**
作　　者:刘　海　薛俊芳

策　　划:曾露平　　　　**编辑部电话:**(010)63551926
责任编辑:曾露平
封面设计:郑春鹏
责任校对:苗　丹
责任印制:樊启鹏

出版发行:中国铁道出版社有限公司(100054,北京市西城区右安门西街 8 号)
网　　址:http://www.tdpress.com/51eds/
印　　刷:番茄云印刷(沧州)有限公司
版　　次:2023 年 4 月第 1 版　2024 年 3 月第 2 次印刷
开　　本:787 mm×1 092 mm　1/16　**印张:**14.75　**字数:**389 千
书　　号:ISBN 978-7-113-30014-2
定　　价:39.80 元

前　言

随着计算机技术的飞速发展，计算机图形技术已被广泛应用于机械、电子、航空航天、建筑、化工等领域，且发挥着越来越重要的作用，设计者的工作方式、工作效率和工作质量都得到了极大的提高和改善。

SolidWorks 是当今主流的三维建模软件之一，具有强大的建模能力、虚拟装配能力及灵活的工程图设计能力。SolidWorks 是基于 Windows 操作系统开发的应用软件，其理念是辅助设计师设计产品，使设计师更关注产品的创新，因此 SolidWorks 的操作界面简单，非常易于学习和掌握，更加符合用户操作习惯，在内容和功能上也更加贴近用户需求。

本书基于高等教育培养高素质和创新型人才的要求，结合工程制图、计算机绘图课程的教学实践，从 SolidWorks 工程应用角度出发，以案例方式编写，具有如下特点：

（1）充分考虑自学，内容安排适度

本书内容安排由浅入深，引导读者快速入门。删减了不常用的操作选项，仅保留与工程实践紧密联系的功能，不追求高级应用，尽量做到简明扼要，够用易会。

（2）结合工程实践，注重案例分析

本书中的内容都是结合工程案例进行讲解，突出工程实践性。在对每个案例操作之前都进行了设计理念分析，使读者动手之前能明白实现思路，有目的地培养读者主动分析设计对象的能力，确保读者学有所用，能够举一反三。

（3）考虑认知规律，精准化解知识难点

本书采用案例引入→总结与拓展→随堂练习的固定教学结构，更符合应用类软件的学习规律。在讲解操作步骤时，在关键处、难点处均以操作提示、操作技巧等方式给予指点，让读者少走弯路，一步到位，即学即会，提高学习效率。同时复习、拓展工程图学相关内容，实现学习新知、激活旧知。

（4）强调动手实践，益于读者练习

本书每节后均配有相应的练习题，每章后又配有整章内容相关的练习题，方便读者自测相关知识点的学习效果，并通过自己动手完成综合练习，提升读者运用所学知识和技术的综合实践能力。

本书由内蒙古工业大学刘海、薛俊芳任主编，周洁、乌日娜、刘乐任副主编，刘海、薛俊芳统稿并定稿。本书在编写过程中，得到了内蒙古工业大学工程图学部其他老师的热忱支持、帮助和关心，编者在此谨向他们表示衷心的感谢。

由于编者水平有限，虽然经过反复校对，但仍有可能存在疏漏和不足之处，恳请广大同仁及读者不吝赐教，编者愿致诚挚谢意并修改。

编　者

2022 年 10 月于呼和浩特

目　　录

微课资源明细表

名　称	二维码	名　称	二维码	名　称	二维码
零件设计入门		工作界面		显示控制	
评估工具的使用		例 3-1		例 3-2 步骤一	
例 3-2 步骤二		例 3-2 步骤三		例 3-2 步骤四	
例 3-3		例 4-1		例 4-2	
例 4-3 扫描特征		例 4-4 扫描切除特征		例 4-5 引导线扫描特征	
例 4-6 扭转扫描特征		例 4-7 放样凸台		例 4-8 中心线放样	
例 4-9 引导线放样		例 4-10 放样切除特征		恒定大小圆角特征	
变半径圆角特征		倒角特征		拔模特征	
简单直孔		异型孔向导		筋特征	

名　称	二维码	名　称	二维码	名　称	二维码
抽壳特征		圆顶特征		包覆特征	
自由形特征		镜像特征		线性阵列特征	
圆周阵列特征		曲线驱动阵列		草图驱动阵列	
步骤一:创建键连接子装配体		步骤二:创建销连接子装配体		步骤三:创建总装配体	
步骤四:装配体剖切显示		步骤五:装配体干涉检查		步骤六:创建装配体爆炸视图	
装配体运动仿真		绘制 A3 图纸格式及保存模板		步骤一:新建工程图模板	
创建三维模型的视图		创建三维模型的剖视图		断面图	
其他规定画法		零件图的尺寸标注及技术要求		装配图中零部件序号及明细表	

第 1 章　三维 CAD 设计和 SolidWorks 基础知识

三维 CAD(计算机辅助设计)具有二维 CAD 所无法比拟的功能,特别是在复杂实体、曲面造型、三维有限元建模、复杂装配、干涉检查、动态仿真、CAM(计算机辅助制造)等方面。三维 CAD 的应用,不仅为产品的数控加工提供了几何模型,而且为应用 CAE(计算机辅助分析)技术提供了基础,还可以在计算机上进行装配干涉检查、结构运动分析、有限元分析等。三维 CAD 为设计技术的不断深化发展开拓了更为广阔的空间。

1.1　三维 CAD 设计思想

1.1.1　基于参数化的设计

在产品开发设计初期,由于零件的形状和尺寸具有一定的不确定性,需要在装配验证和性能分析后最终确定,这就要求在设计过程中,零件的形状和大小具有易于修改的特性。目前大多数二维 CAD 系统中绘制的平面图形,图形要素之间的关联性不强。如果改变图形的某一尺寸,需要多步的操作,才能改变图形的形状,这样进行设计效率很低。而参数化设计,就是为图形要素之间添加约束关系,包括“尺寸约束”和“几何约束”两大类型。约束关系的添加,大大加强了图形要素之间的关联性,修改图形的某一尺寸,其大小和形状也会随之变化。特别是在设计过程中,修改零件的某一尺寸,其形状、大小会发生变化,而与其相关联的装配体、工程图也会随之变化,这样就大大提高了设计效率。

1.1.2　基于特征的设计

在产品设计过程中,构型时不仅要满足产品的结构和外形要求,同时还要考虑产品的制造过程。产品在加工制造时要有定位基准、公差、表面粗糙度、装配精度等,因此设计产品时要充分考虑加工制造的要求。现代三维 CAD 系统引入了“特征”和“特征设计”的理论和方法,为产品设计与制造的相结合提供了技术支持。

在三维 CAD 设计领域,特征的定义为:“特征是零件或部件上一组相关的具有特定形状和属性的几何实体,有着特定设计和制造的意义。”

从广义上讲,特征是产品的信息集合,它包括形状和功能两大属性。形状属性包含几何形状、拓扑关系、表达方法等信息;而功能属性包含与加工过程有关的制造精度、材料和公差要求等信息。

根据特征的性质可以分为:形状特征、技术特征、装配特征、材料特征、精度特征、管理特征等。

从狭义上讲,基于三维建模背景,特征就是一种具有参数化的形体单元。零件模型的构造是由各种特征生成的,零件的设计过程就是特征积累的过程。特征通常应满足以下条件:

(1)特征必须是一个实体或零件中的具体结构之一。

(2)特征能对应于某一形状。

(3)特征应该具有工程上的意义。

(4)特征的性质是可以预料的。

对于零件的某一个特征,与零件的整体应具有高度的关联性,既可以将其与某个已有的零件相联结,也可以将其在已有的零件中删除。任何复杂的机械零件,从特征的角度看,都是由一些简单的特征组合而成。因此,在零件建模前,可以把机械零件看作是组合体,对其进行形体分析,也就是特征的分析。通过分析,确定零件由哪些特征组成,明确各个特征的形状、相对位置关系和表面过渡关系,按照特征的主次关系,依次进行建模。该零件如图 1-1(a)的特征分析:拉伸带方槽的底板特征[图 1-1(b)];拉伸圆柱体凸台特征[图 1-1(c)];切除圆柱孔特征[图 1-1(d)];拉伸带孔的 U 形板特征[图 1-1(e)];筋板特征[图 1-1(f)]。

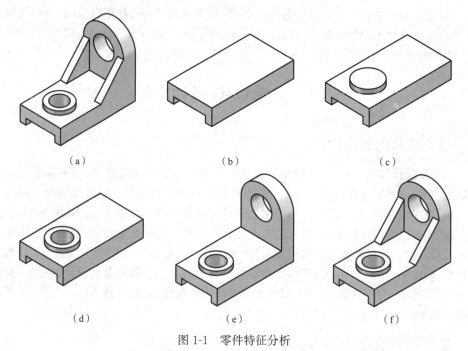

(a)   (b)   (c)

(d)   (e)   (f)

图 1-1　零件特征分析

在三维 CAD 设计系统中,通常按照建模顺序将构成零件的特征分为基础特征和构造特征。第一个建立的特征就是基础特征,它是零件最重要的特征。在已有的基础特征上,建立的其他特征统称为构造特征。另外,按照特征生成的方法不同,将构成零件的特征分为草绘特征和附加特征。草绘特征是指在特征建模的过程中,用户必须在草图环境绘制特征截面,通过拉伸、旋转、扫描或放样等操作生成的特征。创建零件的基础特征和大部分构造特征都是通过草绘特征实现,如图 1-1(b)、图 1-1(c)等特征;附加特征是利用已有的特征和系统内部定义好的一些参数定义的特征,如图 1-1 中的(f),创建筋特征等。

1.1.3　工程中三维 CAD 设计的基本方法

在基于特征的参数化三维 CAD 设计系统中,产品设计的方法一般可分为下面 3 种。

1. 自上向下的设计方法

在多数情况下,我们设计工业产品的目的是要完成某个特定的功能或动作,如千斤顶要完成顶起重物、平口钳要完成夹持工件的功能。所以一个工业产品往往是由多个零件组装在一起,构成一个装配体的。装配体中的零件和零件之间有配合、大小或相对位置等方面的关联。在设计过程中,往往需要参照一个零件来定义、约束另一个零件。在图 1-2 所示的联轴器二维装配图中,各零件间的尺寸在设计上都有一定的关联。自上向下的设计方法就是在装配体环境下,参考当前零件的位置和轮廓,建立新的零件或修改零件特征。这里的装配体环境就是"上",建立的每个零件就是"下"。

采用自上向下的方法进行设计时,既可以采用总体方案草图进行设计,又可以产生新的子部件,快速、准确地实现设计意图,完成产品设计。这是一种以"装配"为中心的设计思想,是现代三维 CAD 的核心。自上向下的设计方法一般在设计新产品的情况下采用,设计者不但要熟悉三维设计系统,还要具备机械设计的知识。

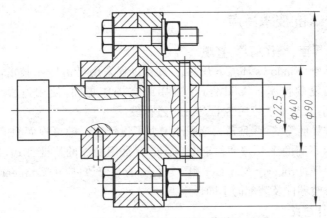

图 1-2　联轴器中的尺寸关联

2. 自下向上的设计方法

在设计过程中,如果装配体中各零件间的配合关系、相对位置关系已经确定,可以先建立每一个零件的三维模型,然后在装配体环境下,插入这些零件,按照装配顺序,添加零件间的配合约束,将零件有序装配起来。这种设计方法称为"自下向上"的设计方法,通常用于仿制或修改已有的设计。

3. 单体设计的方法

在一些特定情况下,某些产品只由一个零件组成,如烟灰缸、茶壶等,如图 1-3 所示。设计这类产品时只需考虑其功能和外观造型。

图 1-3　单体设计

1.2　SolidWorks 简介

本书基于法国达索系统(Dassault Systemes)旗下的子公司美国 SolidWorks 公司开发的 SolidWorks 2020 版本,介绍在 3D 环境下工业产品设计思想和设计方法。

SolidWorks 公司成立于 1993 年。1995 年,推出第一套三维机械设计软件 SolidWorks95,随后，SolidWorks 每年都会发布一套新版本。1999 年，SolidWorks 已经发展成为一个装备完善的几何建模工具。由于技术创新符合 CAD 技术的发展潮流和趋势，SolidWorks 公司成立后两年间就成为 CAD 产业中获利最高的公司。1997 年，SolidWorks 被世界设计软件领头羊一法国达索公司全资并购。并购后的 SolidWorks 以原来的品牌和技术继续独立运作，成为 CAD 行业一家高素质的专业化公司。现今，SolidWorks 是世界上第一个基于 Windows 操作系统开发的三维 CAD 系统，是全球装机量最大、最好用的三维机械设计软件之一。其使用范围涉及航空航天、机车、食品、机械、国防、交通、模具、电子通信、能源、医疗器械、娱乐工业、日用品、消费品、离散制造等领域。

1.2.1 SolidWorks 的技术特点

1. 全 Windows 界面，操作简单、直观

SolidWorks 是基于 Windows 环境下开发的，操作过程采用 Windows 技术，支持剪切、复制、粘贴等操作，支持拖动复制技术。SolidWorks 采用中文操作界面，使用过程无语言障碍。熟悉 Windows 操作系统用户，基本上可用 SolidWorks 进行设计。

SolidWorks 操作界面简洁，并且最大范围地增加了设计窗口的可视面积。新版的 SolidWorks 可根据当前任务显示不同的工具按钮。SolidWorks 有常用功能的快捷方式，如 Feature Manager 功能可以用作修改特征；Property Manager 用于属性查看与修改；应用 Confideration Manager 可以较为方便地建立和修改零件及装配的不同形态。

2. 参数化的设计思路

SolidWorks 设计软件应用参数化的设计思路，参数化设计具有：基于特征、全尺寸约束、全数据相关、尺寸驱动设计修改等特征，是由受约束的数学关系式来定义的，其各工具栏的命令之间具有相应的设计关联性。因此 SolidWorks 软件在对零件的设计和修改方面具有方便快捷、准确可靠的优点。参数化的设计在对零件的尺寸修改和相似零件的结构设计方面具有独到的技术优势。由于各工具栏的命令之间具有相应的关联性，因此在零件设计模块中所做的更改可以自动、快速、准确地反映到装配、工程图等相应关联模块中，相比二维 CAD 软件对零件和装配体的逐一修改则更为高效、智能。因此，在应用 SolidWorks 软件时，设计师的主要精力将会集中在方案的设计上，这为方案的设计和修改提供了极大的方便，有利于设计人员设计出结构先进、安全可靠的零件结构。

3. 仿真分析

SolidWorks 还可以对生成的零件和装配体进行有限元分析，使用 SolidWorks 仿真分析软件包可以虚拟真实环境进行参数分析，如持久性、静态与动态响应、装配体运动、热传递、流体动力学和注塑成型等，从而高效评估产品性能、提高产品质量。例如，SolidWorks Simulation(FEA)可用于分析零件和装配体之间的结构问题，如评估相互接触零件间的作用力和应力、摩擦力，如此在产品设计的早期就能评估这些复杂的结构问题，进而确定制作零件的材料及最优化的尺寸设计。

4. 数据交换

SolidWorks 可以通过标准数据格式与其他 CAD 软件进行数据交换；提供数据诊断功能，允许用户对输入的实体执行几何简化、模型误差重设以及冗余拓扑移除；利用插件形式提供数据接口，可以很方便地与其他三维 CAD 软件如 PRO/Engineer、UG、MDT、SolidEdges 等进行数据交换；DXF/DWG 文件转换向导可以将用户通过其他软件建立的工程图文件转化成 SolidWorks 的工程图文件，同时也可以将模型文件输出成标准的数据格式，即将 SolidWorks 工程图文件输出成 DXF/DWG 格式。

5. 二次开发

SolidWorks 具有可塑性,具备二次开发的功能。为了满足特殊行业及特定产品的需求,可以应用编辑语言 VBA、VB、Visual C♯. NET、VC 对 SolidWorks 进行二次开发。SolidWorks 二次开发有两种方式,一种是应用 OLE 自动化技术进行开发,其应用程序只能编译成可执行文件(＊. EXE 文件);另一种开发方式基于 COM,其应用程序就是 COM 模块,又可以分为两种形式,＊. EXE 文件形式和插件形式(＊. DLL 文件)。

6. SolidWorks 合作伙伴计划和集成软件

作为"基于 Windows 平台的 CAD/CAE/CAM/PDM 桌面集成系统"的核心软件,SolidWorks 完整提供了产品设计的解决方案。对于产品的加工、分析以及数据管理方面,SolidWorks 公司的"合作伙伴"计划则大大拓展了 SolidWorks 在整个机械行业中的应用。"合作伙伴"计划提供了许多高性价比的解决方案,SolidWorks 用户可以从非常广泛的范围内选择产品开发、加工制造以及数据管理等各方面的软件。

1.2.2　SolidWorks 的主要功能

1. 强大而灵活的零件建模功能

应用 SolidWorks 进行草图绘制时,软件能够按同心、重合、距离、角度与相切等关系动态反馈和推理可以自动添加的几何约束,使得绘图过程简易、精准;SolidWorks 软件具有专门的机械零件设计模块,运用拉伸、旋转、扫描、放样、镜像、高级抽壳、薄壁特征和特征阵列等功能,可以建立出各种复杂形状的零件,如图 1-4(a)、(b)所示;SolidWorks 提供了曲面建模技术,能够完成工业产品的曲面造型设计需求;SolidWorks 拥有专用于钣金零件设计的模块,便于设计师进行钣金零件的折弯、展开、切口、冲孔和百叶窗等结构的设计,如图 1-4(c)所示,极大地方便了设计师对钣金零件的设计需求;软件包含了丰富的标准图库,用户也可扩充自定义的图库,减少了很多重复性工作,如图 1-4(d)所示;SolidWorks 软件能够分析草图的合理性,发现问题并及时提出相应的解决方案。

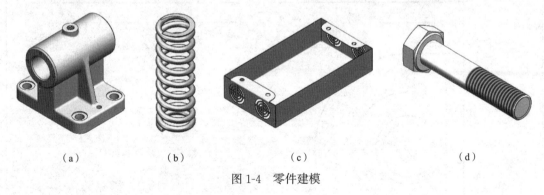

| (a) | (b) | (c) | (d) |

图 1-4　零件建模

2. 强大的零件装配功能

SolidWorks 可以较容易地完成零件的三维建模,通过模拟装配、仿真运动等功能进行三维仿真设计,便于进行产品的可行性分析,如图 1-5 所示。SolidWorks 可以通过任意旋转或剖切,对运动的零部件进行动态仿真的干涉检查和间隙检测,发现问题及时修正,把试验过程放在设计阶段,有效地提高了设计的成功率。SolidWorks 系统包含了 GB、ISO 等在内的多个国家标准和多个系列的标准零件库,在装配过程中,通过标准件库插入标准件,可以大大提高设计者的工作效率,节约设计成本。如前文所述,由于整个产品设计是完全可编辑的,零件设计、装配设计和工程图之间是全相关的,零件设计中所做的更改可以自动、快速、准确地反映到装配、工程图等相应模块中,简化了操作步骤,提高了设计成功率。

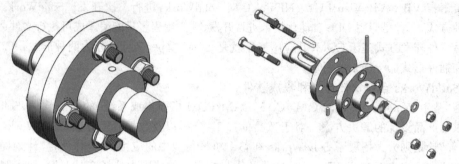

图 1-5　装配体设计

3. 工程图设计

SolidWorks 可以为三维模型自动投影生成符合标准的各种二维工程图,包括视图、尺寸和标注;可以建立各种类型的投影视图、剖面视图和局部放大图功能,如图 1-6 所示;交替位置视图能够方便地显示零部件所在位置,在同一视图中生成装配的多种不同位置的视图,以便了解装配顺序;SolidWorks 的尺寸控制棒,可以方便地进行尺寸标注,使图纸标注更规范、更美观。

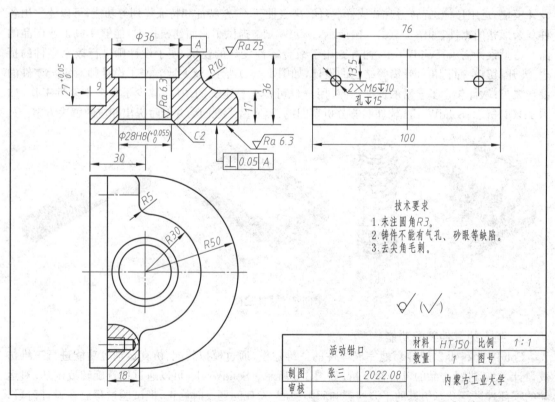

图 1-6　工程图设计

第2章 简单零件设计实例

2.1 零件设计入门

2.1.1 案例介绍和知识要点

【例 2-1】 建立图 2-1 所示简单零件的三维模型。

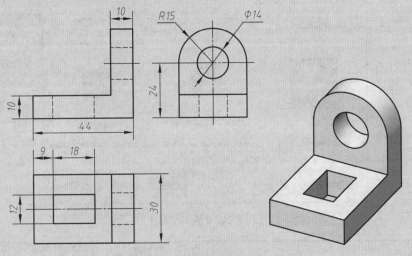

图 2-1 简单零件

知识要点：
(1)单一设计零部件的用户工作界面；
(2)零件建模的基本操作；
(3)文件管理。

建模时，首先要对零件进行特征分析，确定基础特征。在完成基础特征的建立后，依次完成其他构造特征的建立。图 2-2 为零件的特征分析。

2.1.2 操作步骤

步骤一：启动 SolidWorks 2020，新建文件。

(1)用户下载并安装 SolidWorks 2020 中文版，桌面上会出现 SolidWorks 2020 中文版的快捷图标 ，双击该图标，即可启动 SolidWorks 2020。

(2)单击快速访问工具栏上的【新建】按钮 ，或在菜单栏选择【文件】→【新建】命令，弹出

图 2-3 所示的【新建 SolidWorks 文件】对话框。选择零件功能模块 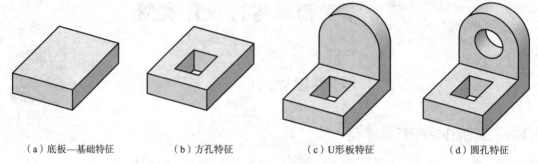，单击【确定】按钮，进入单一设计零部件的工作界面，如图 2-4 所示。

（a）底板—基础特征　　　（b）方孔特征　　　（c）U形板特征　　　（d）圆孔特征

图 2-2　特征分析

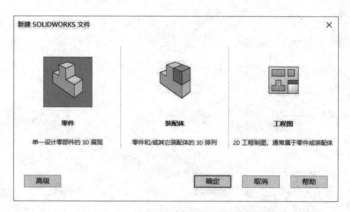

图 2-3　【新建 SolidWorks 文件】对话框

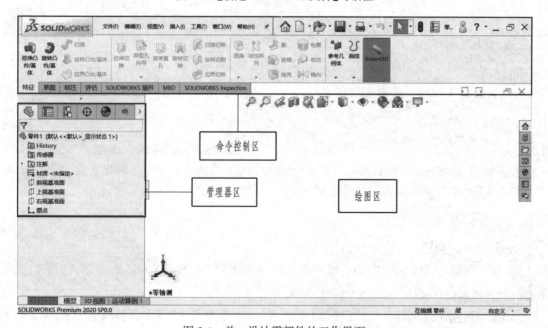

图 2-4　单一设计零部件的工作界面

步骤二：创建基础特征——底板。

(1)按照基础特征的等轴测方向,确定合理的基准面,进入草图绘制。在管理器区单击 Feature Manager 设计树中的【上视基准面】,在弹出的快捷菜单中单击【草图绘制】按钮 ,如图 2-5 所示,进入草图绘制环境。

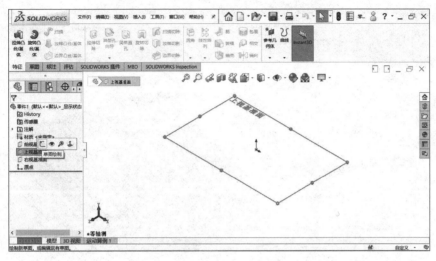

图 2-5　进入草图绘制

(2)绘制基础特征的截面。在草图工具栏中单击【中心矩形】命令按钮 ,在弹出的属性管理器中选择【边角矩形】方式,在绘图区绘制一个矩形,大小任意,矩形的一个角点与系统原点重合,单击【属性管理器】左上方的【确定】按钮 ,结束矩形绘制,如图 2-6 所示。

(3)添加尺寸约束。单击草图工具栏中的【智能尺寸】按钮 ,标注矩形尺寸,尺寸标注齐全后,草图轮廓颜色由蓝色变为黑色,即完成草图绘制,单击【尺寸】属性管理器的【确定】按钮 ,如图 2-7 所示。

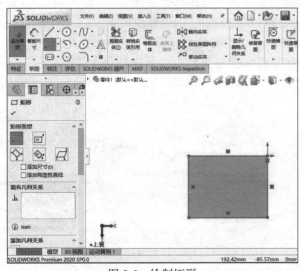

图 2-6　绘制矩形

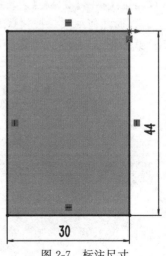

图 2-7　标注尺寸

(4)拉伸凸台创建底板特征。单击【特征】工具栏中的【拉伸凸台/基体】按钮 🗊,弹出【凸台-拉伸】属性管理器,参数值按默认设置,即【方向1】中拉伸【终止条件】为【给定深度】,深度值输入"10.00 mm",单击【确定】按钮 ✓,如图2-8所示。

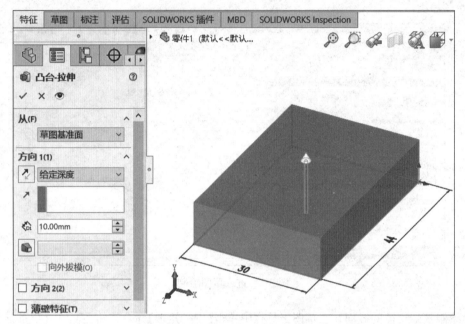

图2-8 基础特征——底板

步骤三：创建底板上方孔的特征。

(1)单击底板上端面,在弹出的快捷菜单中单击【草图绘制】按钮 🖉,以底板上端面作为草图基准面,进入草图绘制环境,如图2-9(a)所示。此时模型为等轴测显示,为便于作图,按空格键,弹出【方向】对话框,单击【正视于】按钮 ↥,使草图基准面正对用户,如图2-9(b)所示。

(2)执行【草图】工具栏【边角矩形】命令,绘制方孔截面图形,并标注尺寸,如图2-9(c)所示。

(3)添加几何约束。按住【Ctrl】键,用鼠标分别捕捉草图矩形下边线的中点和底板矩形轮廓下边线的中点,在左边添加【几何约束】的【属性管理器】中,单击【竖直】按钮 ╷,如图2-9(d)所示。

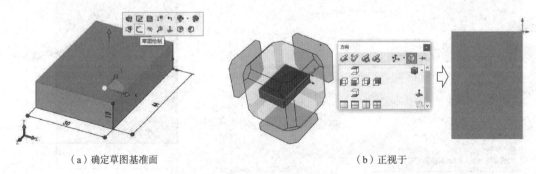

（a）确定草图基准面　　　　　　　　　　　　　（b）正视于

图2-9 绘制方孔草图轮廓

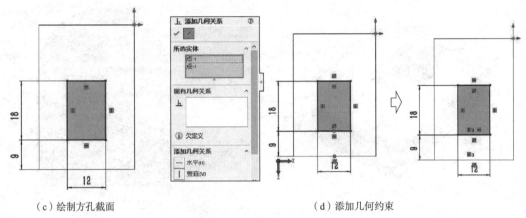

（c）绘制方孔截面　　　　　　　　　（d）添加几何约束

图 2-9　绘制方孔草图轮廓（续）

（4）拉伸切除创建方孔特征。单击【特征】工具栏中的【拉伸切除】命令按钮 ⬛，弹出【切除－拉伸】属性管理器，在【方向 1】区域中拉伸【终止条件】设为【完全贯穿】，单击【确定】按钮 ✓，如图 2-10 所示。

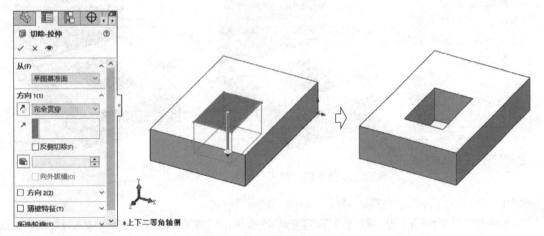

图 2-10　创建方孔特征

步骤四：创建 U 形板特征。

（1）按住鼠标中键，旋转模型，看到底板右端面后，单击底板右端面，在弹出的快捷菜单中单击【草图绘制】按钮 🖉，进入草图绘制环境，单击【草图】工具栏中【直线】命令按钮 ✏，用画直线以及切线弧方式绘制 U 形板草图轮廓，草图轮廓一定要封闭，标注尺寸，如图 2-11 所示。

（2）拉伸凸台创建 U 形板特征。单击【特征】工具栏中的【拉伸凸台/基体】按钮 🪣，弹出【凸台-拉伸】属性管理器，参数值按默认设置，即【方向 1】中拉伸【终止条件】为【给定深度】，深度值输入"10.00 mm"，单击【确定】按钮 ✓，如图 2-12 所示。

步骤五：创建 U 形板上圆柱孔特征。

（1）选择下拉菜单【插入】→【特征】→【简单直孔】命令，如图 2-13（a）所示。弹出指定为孔中心选择平面上的一位置对话框，如图 2-13（b）所示。单击 U 形板左端面，为孔中心在该平面指定任意位置，弹出【孔特征】属性管理器，在【方向 1】区域中拉伸【终止条件】设为【完全贯穿】，在【直径】文

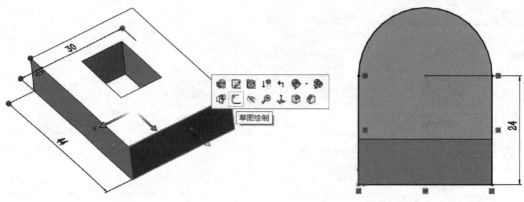

图 2-11　绘制 U 形板草图轮廓

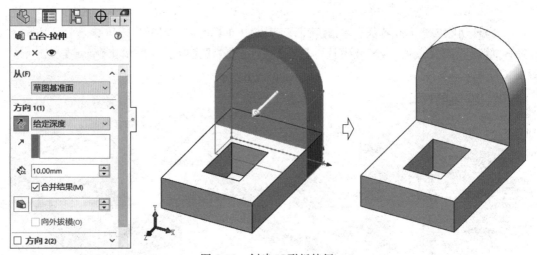

图 2-12　创建 U 形板特征

本框中输入"14.00 mm",单击【确定】按钮 ✓ ,如图 2-13(c)所示。

(2)展开设计树【孔】节点,单击【草图 5】节点,在弹出的快捷菜单中单击【编辑草图】按钮 ,进入草图环境,如图 2-13(d)所示。按住【Ctrl】键,鼠标左键单选 φ14 的圆和 U 形板轮廓的半圆弧,在绘图区左侧【几何关系属性管理器】中选择【同心】的几何关系,单击【确定】按钮 ✓ ,完全定义圆柱孔的草图轮廓,单击【退出草图】按钮 ,完成草图编辑,如图 2-13(e)所示。

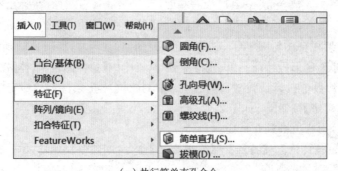

(a)执行简单直孔命令

图 2-13　创建简单直孔

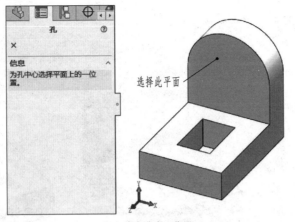

（b）指定孔中心位置

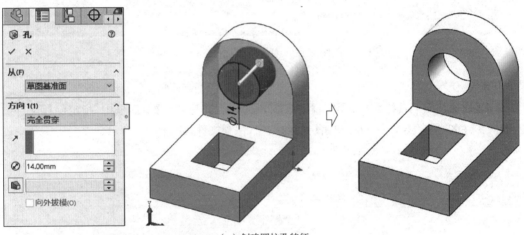

（c）创建圆柱孔特征

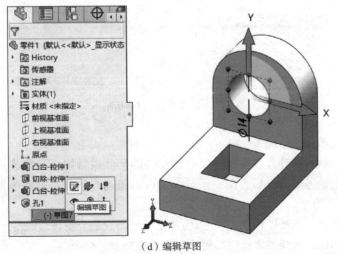

（d）编辑草图

图 2-13　创建简单直孔（续）

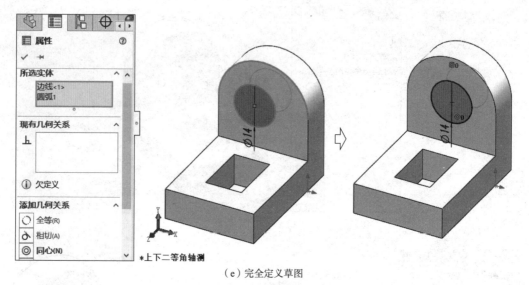

（e）完全定义草图

图 2-13　创建简单直孔（续）

步骤六：保存文件。

单击【快速访问工具栏】中的【保存】按钮▦，在弹出的【另存为】对话框中，指定保存文件的路径，输入文件名，保存类型按默认，单击【保存】按钮，保存文件，如图 2-14 所示。

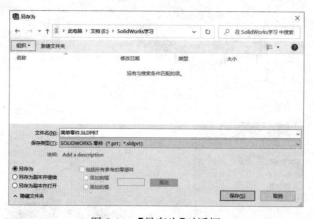

图 2-14　【另存为】对话框

步骤七：对已有零件进行编辑。

在产品设计过程中，设计者往往需要对已有零件的尺寸或结构进行修改，有时为了便于观察模型，需要修改模型的等轴测投影方向。而 SolidWorks 基于参数化设计和基于特征建模的技术，为零件的修改提供了方便。

（1）编辑草图平面。当基础特征建立后，为便于等轴测观察模型，设计者可以根据需要，更改基础特征的草图平面，以此改变整个模型的等轴测投影方向。

展开【设计树】中第一个特征节点即基础特征节点，单击【草图 1】，在弹出的快捷菜单中单击【编辑草图平面】按钮▦，如图 2-15 所示。进入编辑草图平面环境，左侧【草图绘制平面】属性管理器中显示当前草图平面为【上视基准面】,展开绘图区左上角【设计树】,选择新的基准面,如选择【右视基准面】,单击【确定】按钮 ✓,如图 2-16 所示,完成草图平面编辑。

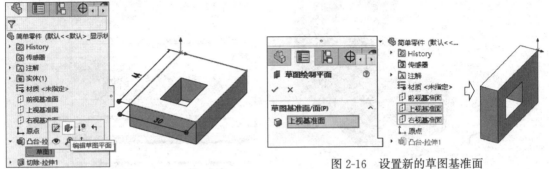

图 2-15　进入编辑草图平面

图 2-16　设置新的草图基准面

(2)修改尺寸数值。

①鼠标单击【设计树】中任意特征节点或直接单击模型的任意特征,与该特征相关的尺寸都将显示出来,如图 2-17 所示。

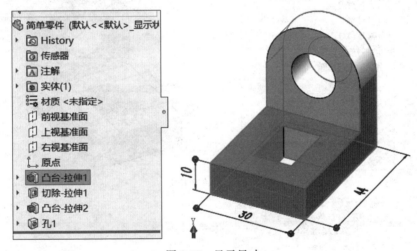

图 2-17　显示尺寸

②双击需要修改的尺寸,弹出修改尺寸对话框,输入新的尺寸数值,单击【确定】按钮 ✓,完成尺寸数值修改,如图 2-18 所示。

③单击【标准】工具栏中的【重新建模】按钮 ⛭,系统按照新尺寸重新建模。

(3)编辑特征。鼠标单击【设计树】中需要修改的特征节点或直接单击模型上需要修改的特征,在弹出的快捷菜单中单击【编辑特征】按钮 ⛭,弹出该特征属性管理器,根据需要设置相应参数,单击【确定】按钮 ✓,如图 2-19 所示。

(4)删除特征。在【设计树】中右击需要删除的特征节点,单击快捷菜单中的【删除】命令,在弹出的【确认删除】对话框中单击【是】按钮,即可删除该特征,如图 2-20 所示。从图中可以看到,此操作只是把方孔特征删除,而创建孔特征的草图轮廓仍然保留。如果需要删除,可重复上述操作。如果模型中有与该特征相关联的其他特征,这些特征也将被同时删除。

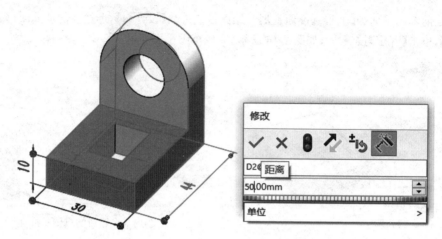

图 2-18　修改尺寸数值

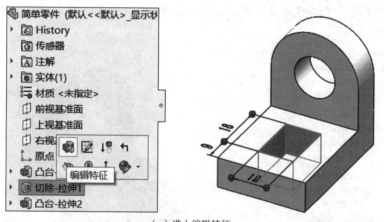

（a）进入编辑特征

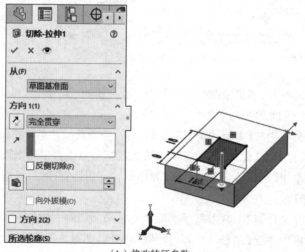

（b）修改特征参数

图 2-19　编辑特征

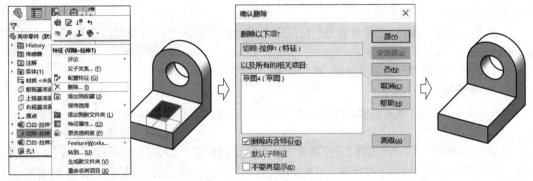

图 2-20　删除特征

2.1.3　知识拓展

1. 工作界面

SolidWorks 是基于 Windows 操作系统开发的应用软件，其界面和命令的操作方式与 Windows 操作系统都非常相似，如图 2-21 所示，为 SolidWorks 零件环境下工作界面。因此，对于设计者而言，只要熟悉 Windows 操作系统的界面和操作方式，在学习和使用 SolidWorks 应用程序时，就会相对简单、易学。

图 2-21　SolidWorks 零件环境下的工作界面

SolidWorks 零件环境下工作界面包括菜单栏、工具栏、管理器、绘图区和状态栏等。SolidWorks 的菜单栏包含了所有的 SolidWorks 命令，其中用户使用最多的功能都集中在【插入】和【工具】菜单中。菜单栏中的项目与工作环境有关，即零件环境、装配体环境和工程图环境的不同，其项目内容也有所不同。而且用户在应用中会发现，在进行不同的任务操作时，不能执行的命令按钮会临时显灰，这也是软件智能化的一种体现。

SolidWorks 的工具栏，用户可以根据需要自定义显示和隐藏。同时，用户可以对工具栏上的命令按钮进行拖动、移除或添加。

SolidWorks 的状态栏,主要显示当前窗口正在进行编辑的内容的状态以及鼠标指针的位置坐标、草图状态等信息。

SolidWorks 的管理器包括设计树、属性管理器、配置管理器等。

2. 文件管理

SolidWorks 文件管理主要包括新建文件、打开文件、保存文件和关闭文件。

(1)新建文件

启动 SolidWorks 后,在【文件】下拉菜单中单击【新建】按钮▯,或在快速访问工具栏中单击【新建】按钮▯,弹出图 2-3 所示的"新建 SolidWorks 文件"对话框,单击【高级】按钮,弹出如图 2-22 所示"新建 SolidWorks 文件"高级模板对话框,选择需要的模板,单击【确定】按钮,进入 SolidWorks 相应的设计环境。

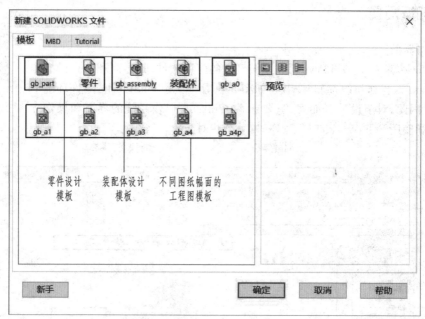

图 2-22 高级模板

(2)打开文件

①在【文件】下拉菜单单击【打开】按钮▱,或在快速访问工具栏中单击【打开】按钮▱,弹出图 2-23 所示的【打开】对话框,指定需要打开的文件所在的路径,在文件列表中双击选中的文件,或单击【打开】按钮。

②展开【打开】对话框右下方【所有文件】列表,该列表显示了 SolidWorks 可以打开的文件类型,用户可以根据需要进行选择,如图 2-24 所示。

(3)保存文件

①对于新建文件,第一次保存文件时,单击【文件】下拉菜单的【保存】按钮▯,或者单击【快速访问工具栏】的【保存】按钮▯,系统会弹出【另存为】对话框,如图 2-25 所示。在该对话框中,用户可以修改文件名称,设置保存文件类型等操作,单击【保存】按钮,完成保存文件。

②如果用户打开了已有的 SolidWorks 文件,需要另存时,只需单击【文件】下拉菜单的【另存为】按钮▯,或者单击【快速访问工具栏】的【另存为】按钮▯,系统仍然会弹出如图 2-25 所示的【另

打开
此电脑 > 文档 (E:) > SolidWorks学习
在 SolidWorks学习 中搜索
组织
新建文件夹
工程图学部
OneDrive - Pers
此电脑
3D 对象
视频
名称
修改日期
类型
简单零件.SLDPRT
2022/11/5 1:...
SOLID
模式
快速查看
还原
配置:
默认
显示状态:
<默认>_显示状态 1
参考(F)...
快速过滤器:
文件名(N):
简单零件.SLDPRT
所有文件 (*.*)
打开
取消

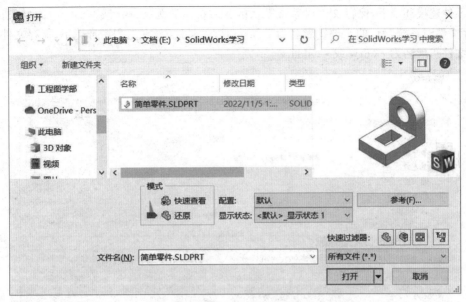

图 2-23 【打开】对话框

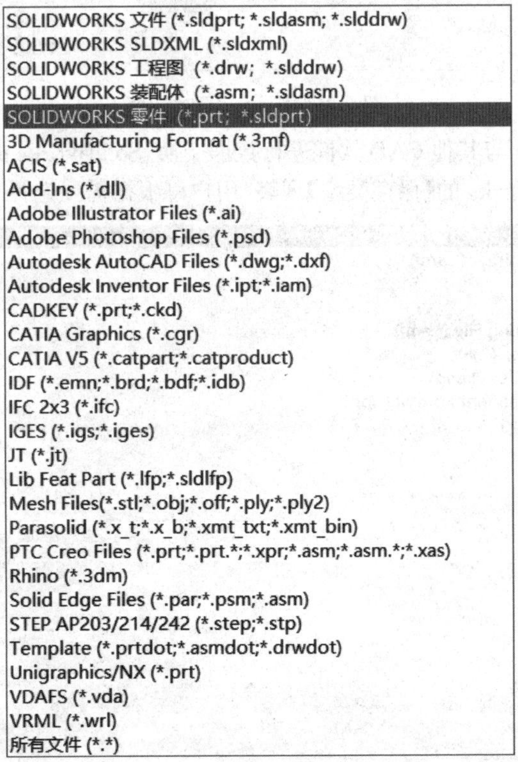

SOLIDWORKS 文件 (*.sldprt; *.sldasm; *.slddrw)
SOLIDWORKS SLDXML (*.sldxml)
SOLIDWORKS 工程图 (*.drw; *.slddrw)
SOLIDWORKS 装配体 (*.asm; *.sldasm)
SOLIDWORKS 零件 (*.prt; *.sldprt)
3D Manufacturing Format (*.3mf)
ACIS (*.sat)
Add-Ins (*.dll)
Adobe Illustrator Files (*.ai)
Adobe Photoshop Files (*.psd)
Autodesk AutoCAD Files (*.dwg;*.dxf)
Autodesk Inventor Files (*.ipt;*.iam)
CADKEY (*.prt;*.ckd)
CATIA Graphics (*.cgr)
CATIA V5 (*.catpart;*.catproduct)
IDF (*.emn;*.brd;*.bdf;*.idb)
IFC 2x3 (*.ifc)
IGES (*.igs;*.iges)
JT (*.jt)
Lib Feat Part (*.lfp;*.sldlfp)
Mesh Files(*.stl;*.obj;*.off;*.ply;*.ply2)
Parasolid (*.x_t;*.x_b;*.xmt_txt;*.xmt_bin)
PTC Creo Files (*.prt;*.prt.*;*.xpr;*.asm;*.asm.*;*.xas)
Rhino (*.3dm)
Solid Edge Files (*.par;*.psm;*.asm)
STEP AP203/214/242 (*.step;*.stp)
Template (*.prtdot;*.asmdot;*.drwdot)
Unigraphics/NX (*.prt)
VDAFS (*.vda)
VRML (*.wrl)
所有文件 (*.*)

图 2-24 文件类型列表

存为】对话框。在该对话框中，用户可以修改文件名称，设置保存文件类型等操作，单击【保存】按钮，完成另存为的操作。

(3)关于文件【保存类型】的说明。

SolidWorks 软件具有零件、装配体和工程图 3 个功能模块，功能模块不同，保存文件类型也不同。在零件建模环境下,保存文件时系统默认的文件扩展名为 *.prt 或 *.sldprt;在装配体环境下,保存文件时系统默认的文件扩展名为 *.asm 或 *.sldasm;在工程图环境下,保存文件时系统默认的文件扩展名为 *.drw 或 *.slddrw。

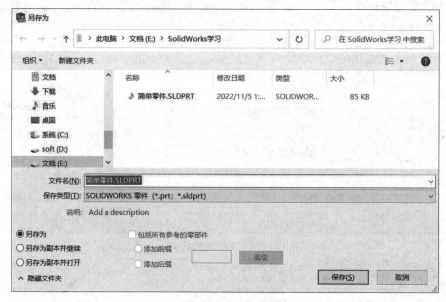

图 2-25 【另存为】对话框

为了方便 SolidWorks 与其他 CAD 软件进行数据交换,SolidWorks 提供了许多标准数据格式,如图 2-26 所示,为 SolidWorks 的【保存类型】列表,用户可根据需要选择文件格式。

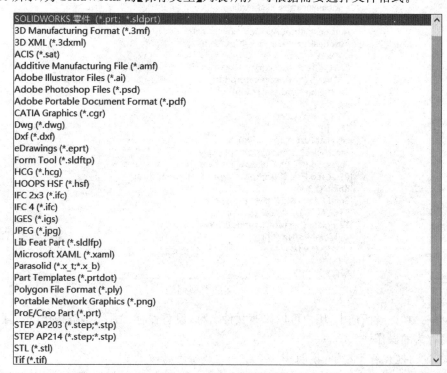

图 2-26 【保存类型】列表

2.2 显 示 控 制

视频 •········

显示控制

SolidWorks 提供了一系列的显示控制命令,可以使用户在建模的过程中,从不同角度,以不同的方式,采用最佳的视觉效果观察模型。

2.2.1 案例介绍和知识要点

【例2-2】 (1)利用已经建立的简单零件模型,进行视图的缩放、旋转和平移;

(2)对模型做视图定向;

(3)对模型做剖面视图;

(4)设置模型显示类型。

知识要点

(1)熟练掌握使用工具栏命令按钮进行显示控制;

(2)熟练掌握使用鼠标和快捷键进行显示控制。

2.2.2 操作步骤

步骤一:打开文件。

打开以【简单零件】命名的文件。

步骤二:缩放、旋转和平移视图。

(1)缩放视图的操作模式。

①将鼠标指针放置在图形区任意位置,此位置即为缩放的中心点,滚动滚轮即可对模型视图进行动态的放大或缩小。

②按住【Shift】键,鼠标指针位于图形区,同时按住鼠标中键,上下拖动鼠标即可对模型视图进行动态的放大或缩小。

③鼠标指针位于图形区,右键快捷菜单中选择【放大或缩小】命令,鼠标指针变为 , 按住鼠标左键上下拖动即可对模型视图进行动态的放大或缩小。按【Esc】键或右键快捷菜单【选择】命令,结束【放大或缩小】命令。

④对模型做【局部放大】。单击【前导视图工具栏】中的【局部放大】按钮 , 或右击快捷菜单中的【局部放大】命令,鼠标指针变为 , 按住鼠标左键,在图形区拖动鼠标创建一矩形缩放窗口,该窗口即为【局部放大】的范围,释放鼠标左键后,即可局部放大模型视图。按【Esc】键或右击快捷菜单【选择】命令,结束【局部放大】命令。

⑤对模型做【整屏显示全图】。单击【前导视图工具栏】中的【整屏显示全图】按钮 , 或快捷菜单中的【整屏显示全图】命令,可以使所有对象最大限度地显示在图形区。

(2)旋转视图的操作模式。

①在图形区按住鼠标中键,鼠标指针变为 , 拖动鼠标,实现对模型视图的旋转。此种方式的旋转,旋转中心为视图中心,如图 2-27(a)所示。

②在图形区用鼠标中键单击零件上任意的顶点、边线或面,按住鼠标中键并拖动鼠标,模型视图即可围绕指定的顶点、边线或面进行旋转,如图 2-27(b)所示。

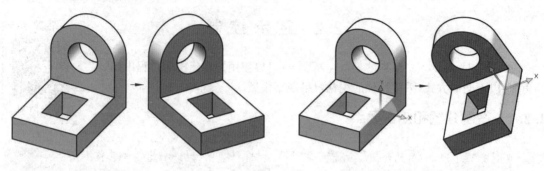

（a）以旋转中心为视图中心　　　　　　　　　　（b）围绕边线旋转模型

图 2-27　旋转视图

③在图形区鼠标右键弹出快捷菜单中,选择【旋转视图】命令,鼠标指针变为 ⟲,按住鼠标左键并拖动,实现对模型视图的旋转。按【Esc】键或右击快捷菜单【选择】命令,结束【旋转视图】命令。

④键盘控制。按住【Alt】键,分别单击键盘的左右方向键,或者按住鼠标中键并拖动,可实现对模型视图的翻滚。

（3）平移视图的操作模式。

①按住【Ctrl】键,同时按住鼠标中键并拖动,实现模型视图的移动。

②在图形区鼠标右键弹出快捷菜单中,选择【平移】命令,鼠标指针变为 ✤,按住鼠标左键并拖动,实现对模型视图的平移。按【Esc】键或右击快捷菜单【选择】命令,结束【平移】命令。

步骤三:模型视图定向。

SolidWorks 的视图定向功能,是按照制图规定的六个基本视图投影方向,分别得到【前视】、【后视】、【下视】、【上视】、【左视】和【右视】六个基本视图。同时,还具有等轴测视角显示,多视图分屏显示,用户自定义视角等功能。

（1）【视图定向】对话框的调入方式。

①单击【前导视图工具栏】中的【视图定向】按钮左侧倒三角,弹出【视图定向】对话框,如图 2-28 所示。

②按【Esc】键,在图形区弹出图 2-28 所示的【视图定向】对话框。

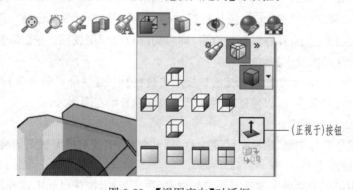

——(正视于)按钮

图 2-28　【视图定向】对话框

(2)视图定向的应用。

①分别单击【视图定向】对话框中六个投影方向的命令按钮,得到六个基本视图,如图 2-29 所示。

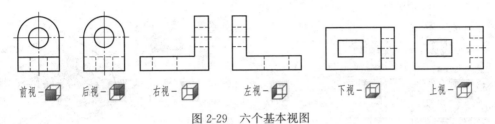

图 2-29　六个基本视图

②等轴测视角显示。单击【视图定向】对话框中【等轴测】按钮旁边的倒三角,列表中有三种等轴测显示模式,用户可根据需要选择,如图 2-30 所示。

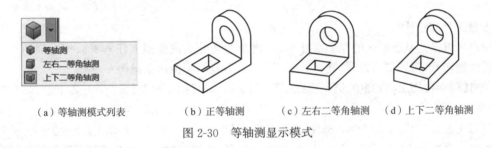

（a）等轴测模式列表　　　（b）正等轴测　　　（c）左右二等角轴测　　　（d）上下二等角轴测

图 2-30　等轴测显示模式

③正视于的操作。正视于的功能是在设计过程中,用户可以指定模型上任何一个方向的表面或基准面与当前窗口平面平行,使该表面正对观察者,以反映其实形。如用户指定某一平面进行草图绘制,正视于该平面,可以更方便的观察和绘制草图。

单击模型上需要正视于的表面,在弹出的快捷菜单中单击【正视于】按钮 ,或者按【空格】键,在图形区弹出图 2-28 所示的【视图定向】对话框中,单击【正视于】按钮 ,如图 2-31(a)、(b)所示。如果对该表面再做一次【正视于】的操作,可以使视图翻转 180°,如图 2-31(c)所示。

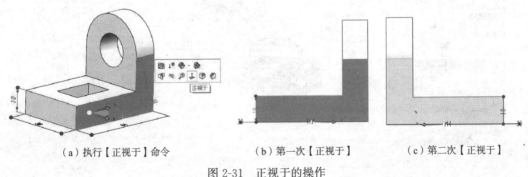

（a）执行【正视于】命令　　　（b）第一次【正视于】　　　（c）第二次【正视于】

图 2-31　正视于的操作

④自定义视角。用户可以自定义新的视角。如图 2-30(d)所示,为系统默认的等轴测视角。通过对模型视图的翻滚后,单击【视图定向】对话框中的【新视图】按钮 ,在弹出的【命名视图】对话框中【视图名称】的文本框中输入该视图的名称,如视图翻滚,单击【确定】按钮,完成新视图的定义,

如图 2-32(a)所示。此时,在【视图定向】对话框中的【保存的视图】列表中,将出现用户自定义的新视图名称,如图 2-32(b)所示,以及"视图翻滚"后的效果。用户还可以对新定义的视图做保存和移除的操作。

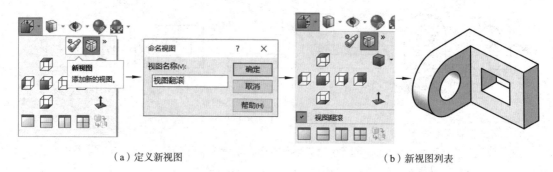

（a）定义新视图　　　　　　　　　　　　　　　　（b）新视图列表

图 2-32　自定义视角

步骤四:剖面视图。

用户可以指定系统默认的三个基准面、创建新的基准面或模型上任意平面作为剖切平面,将模型瞬时剖切开,得到剖面视图,其功能是便于用户观察模型的内部结构。

单击【前导视图工具栏】中的【剖面视图】按钮▥,弹出【剖面视图】属性管理器,此时,系统默认【前视基准面】为第一个【剖面】。同时,图形区中的模型会显示剖切的预览,用户根据需要选择剖面和设置相关参数,如图 2-33 所示,选择【右视基准面】作为第一个【剖面】,单击【确定】按钮✓,生成剖面视图。再次单击【剖面视图】按钮▥,即可退出【剖面视图】的显示。在【剖面视图】属性管理器中,用户最多可以选择 3 个剖面,同时对模型进行剖切。

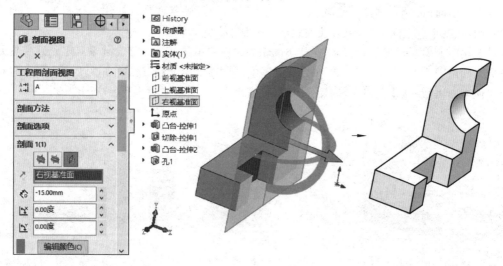

图 2-33　剖面视图

步骤五:模型显示类型。

单击【前导视图工具栏】中的【显示类型】按钮▥·旁边的倒三角,弹出【显示类型】下拉菜单,有 5 种类型供用户选择,图 2-34 为 5 种类型的显示效果。

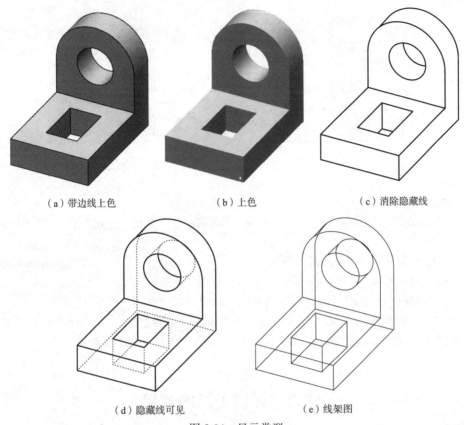

（a）带边线上色　　　　　　（b）上色　　　　　　（c）消除隐藏线

（d）隐藏线可见　　　　　　　（e）线架图

图 2-34　显示类型

2.2.3　知识拓展

1. 选择对象

SolidWorks 系统为用户提供了多种选择对象的方式。用户在选择对象时，鼠标指针可以悬停在模型对象上，单击鼠标左键，选择对象。也可以在设计树中，单击某一节点，选择该节点对象。

（1）单选。鼠标指针悬停在要选择的对象上，此时被选对象高显亮，单击鼠标左键，选中对象。

（2）多选。

①按住【Ctrl】键，鼠标左键依次单击被选对象，可以同时选择多个对象。

②在设计树中先单选一个节点，按住【Shift】键，再选择另一个节点，则可以把两个节点之间的所有项目选中。

③使用矩形窗口选择。在图形区，按住鼠标左键，将鼠标指针从左向右拖动出一个边界为细实线、颜色为浅蓝色的矩形窗口，被该窗口完全包围的对象被选中，如图 2-35 所示。

④使用交叉窗口选择。在图形区，按住鼠标左键，将鼠标指针从右向左拖动出一个边界为虚线、颜色为浅绿色的矩形窗口，与该窗口边界相交的对象和被该窗口完全包围的对象都将被选中，如图 2-36 所示。

两种窗口选择的方式，在草图绘制中使用较多，便于操作。

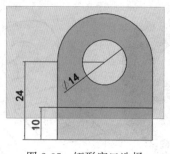
图 2-35 矩形窗口选择

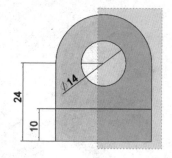
图 2-36 交叉窗口选择

2. 取消选择

（1）当对象被选中后，鼠标指针在图形区空白处单击，即可取消选择。

（2）当对象被选中后，按【Esc】键取消选择。

（3）在草图绘制环境中，当选择了多个草图实体后，如果按前两种方式操作，则所有被选中对象都将取消选择。而用户需要取消某一个对象选择，只需在图形区左侧选择实体的【属性管理器】→【所选实体】列表框中，单击要取消选择的对象，右击快捷菜单中的【消除选择】即可，如图 2-37 所示。

图 2-37 单击【删除选择】

2.3 评估工具的使用

2.3.1 案例介绍和知识要点

SolidWorks 系统为用户提供了功能强大的评估工具，如对装配体的干涉检查；测量模型上点、线、面的距离、长度、圆弧直径等；计算模型的质量、体积和表面积；对模型进行性能评估以及各种特性分析，为用户在设计过程中提供数据支持。

【例 2-3】 建立图 2-38 底板的三维模型，底板厚度 10 mm。

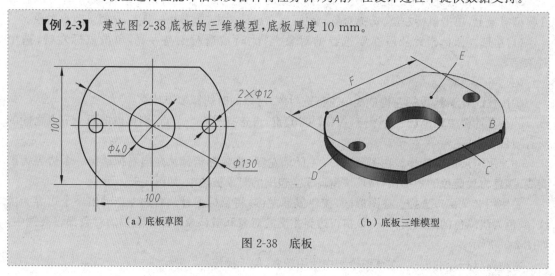

（a）底板草图   （b）底板三维模型

图 2-38 底板

回答问题:

(1)AB 两点的距离是多少?

(2)线段 C 的长度是多少?

(3)圆弧 D 的弧长是多少?

(4)底板上端面 E 的面积是多少? 周长是多少?

(5)两圆柱孔端面圆弧最远端之间距离 F 的值是多少?

(6)该底板的体积值是多少?

知识要点:

(1)掌握测量工具的使用;

(2)掌握质量属性和剖面属性工具的使用。

2.3.2　操作步骤

步骤一:新建底板零件。

新建零件功能模块,选择基准面,进入草图绘制环境。绘制图 2-38(a)的底板草图,执行【拉伸凸台/基体】命令,深度值为 10mm,生成底板三维模型,如图 2-38(b)所示。

步骤二:使用测量工具。

(1)单击【评估】工具栏中【测量】按钮 ,弹出【测量】工具栏,如图 2-39 所示。单击该工具栏中的【单位/精度】按钮 ,弹出【测量单位/精度】对话框,如图 2-40 所示,用户可以勾选【使用自定义设定】单选按钮,根据需要设定相应的单位和精度,单击【确定】按钮。此时系统默认的【显示 XYZ 测量】按钮 高显亮,即此状态处于打开,再次单击该按钮,即可关闭此状态。

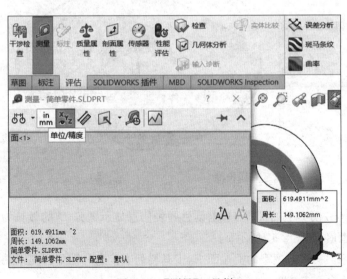

图 2-39　【测量】工具栏

图 2-40　【测量单位/精度】对话框

(2)测量两个点的距离。分别单击图 2-38(b)模型上的 A、B 两点,在【测量】工具栏对象列表中显示用户选择的两个顶点名称,下方信息列表中显示两点的直线距离【130.0000mm】,同时显示两点在 XYZ 三个方向的相对坐标值,如图 2-41(a)所示。

由于默认的【显示XYZ测量】状态是打开的,在图形区除了显示两点的距离以外,还会显示 dx、dz 的值,同时显示第二个点相对原点的坐标值,如图 2-41(b)所示。如果关闭【显示XYZ测量】状态,则在图形区只显示距离,不显示 dx、dz 的值。

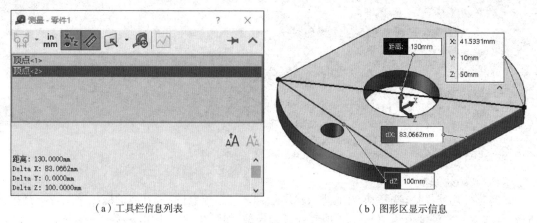

(a)工具栏信息列表　　　　　　　　(b)图形区显示信息

图 2-41　测量两个点的距离

(3)测量直线长度。鼠标指针在图形区空白处单击,取消上一步测量两点之间距离的操作,清空对象列表。单击图 2-38(b)模型上的边线 C,工具栏列表和图形区显示线段 C 的长度为 83.0662mm,如图 2-42 所示。

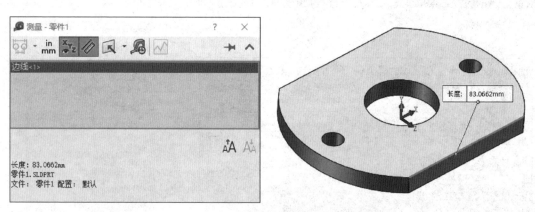

图 2-42　测量直线长度

(4)测量圆弧弧长。单击图 2-38(b)模型上的圆弧 D,工具栏列表信息显示圆弧 D 的弧长为 114.0927mm,以及该圆弧的其他信息值,如图 2-43 所示。

(5)测量端面面积和周长。单击图 2-38(b)模型的上端面 E,工具栏列表信息和图形区显示端面 E 的面积为 10086.5079mm^2,周长为 595.3799mm,如图 2-44 所示。

(6)测量两个圆/圆弧之间的距离。分别单击图 2-38(b)模型上两个圆柱孔的端面圆,工具栏信息列表中显示两个圆的中心距为 100mm,图形区显示当前距离为最大距离,距离值 112mm,展开距离列表,用户可根据需要选择测量距离,如图 2-45 所示。

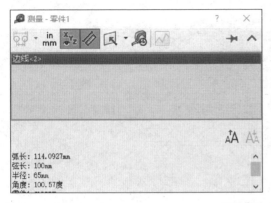
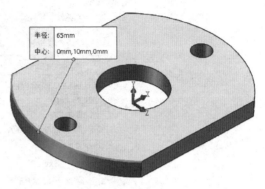

图 2-43 测量圆弧

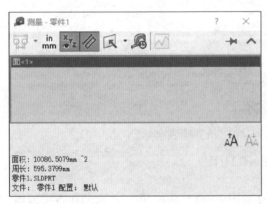
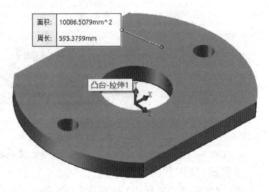

图 2-44 测量面积和周长

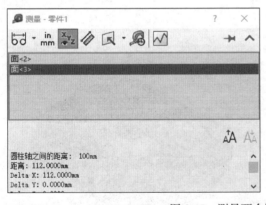
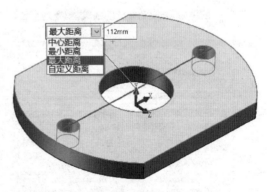

图 2-45 测量两个圆/圆弧之间的距离

步骤三:使用质量属性工具。

单击【评估】工具栏中【质量属性】按钮，弹出【质量属性】对话框，在信息列表中可以看到当前模型的体积值、表面积值等。由于没有对模型赋予材料，因此模型的密度值和质量值都是系统默认的值，并不是模型真正的密度值和质量值，如图 2-46 所示。

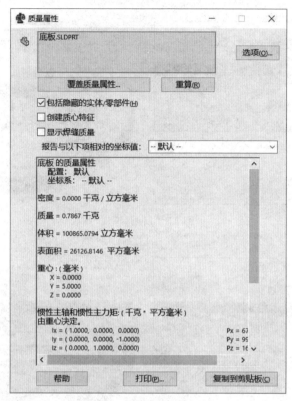

图 2-46 【质量属性】对话框

步骤四：使用截面属性工具。

单击【评估】工具栏中【截面属性】按钮，弹出【截面属性】对话框，单击模型的任意表面后，单击【重算】按钮，在信息列表中显示该表面的属性信息，如图 2-47 所示。

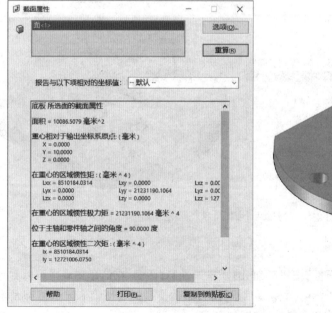

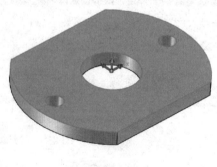

图 2-47 【截面属性】对话框

2.3.3　知识拓展

1. 使用测量工具

用户使用测量工具可以测量草图、3D 模型、装配体或工程图中直线、点、曲面和平面的距离、角度、半径和大小。

2. 使用质量属性和截面属性工具

SolidWorks 应用程序根据模型几何体和材料属性计算质量、密度、体积等属性。用户可覆盖某些属性的计算值。

用户可查看零件、多实体零件中的实体、装配体、装配体中的零部件的质量属性；在零件或装配体中，用户可查看面和草图的区域属性；用户可以计算平行平面中多个面和草图的截面属性。

3. 使用对象与模型分析工具

SolidWorks 为用户提供了丰富的模型分析工具，如干涉检查、误差分析、应力分析、流体分析、可制造性分析等，这些工具的使用，为设计者对设计的优化提供了支持。

2.4　上机练习

1. 建立图 2-48～图 2-51 给定实体的三维模型，并查询模型体积。

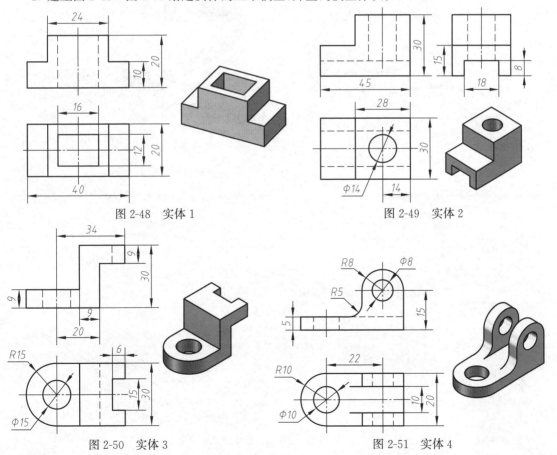

图 2-48　实体 1

图 2-49　实体 2

图 2-50　实体 3

图 2-51　实体 4

2. 建立图 2-52 和图 2-53 底板的三维模型,并查询底板端面的面积。

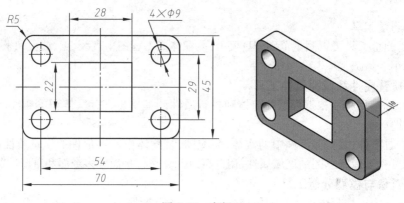

图 2-52　底板 1

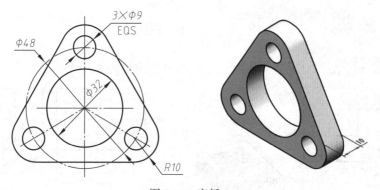

图 2-53　底板 2

第3章　参数化草图设计

草图是三维设计建立实体模型的基础,在任何建模方式中,草图都是模型建立的前提和基础。SolidWorks 在进行三维实体建模时,草图作为与实体模型相关联的二维图形,对整个模型的设计起着至关重要的作用。

本章将介绍草图绘制的原则、绘制步骤,如何在系统基准面、零件表面创建草图,以及如何通过几何约束与尺寸约束控制草图的形状,实现参数化建模。

3.1　基本草图的创建

SolidWorks 软件中的草图绘制功能便捷易学,在绘制草图时通过添加几何关系和尺寸约束就能够很好地控制草图的形状和位置。掌握合理的草图绘制步骤,能够在今后的实体建模中大大提高设计效率。

3.1.1　案例介绍和知识要点

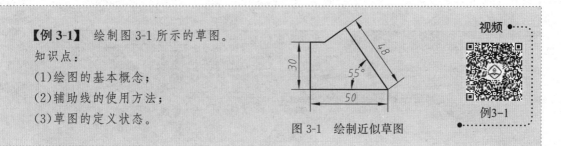

【例3-1】　绘制图3-1所示的草图。

知识点:

(1)绘图的基本概念;

(2)辅助线的使用方法;

(3)草图的定义状态。

视频

例3-1

图3-1　绘制近似草图

3.1.2　操作步骤

步骤一:进入草图环境。

新建零件,进入草图绘制环境的方法有以下两种:

(1)在左侧的设计树中单击【前视基准面】,在弹出的快捷工具栏中单击【草图绘制】按钮 ⌒ ,进入草图绘制环境,如图3-2所示。

(2)单击【草图】工具栏上的【草图绘制】按钮 ⌒ ,系统提示选择基准面。在图形区选择前视基准面,开始绘制草图,如图3-3所示。

步骤二:绘制草图。

(1)绘制水平直线。单击【草图】工具栏上的【直线】按钮 ✎ ,从原点开始单击左键向右侧拖动鼠标,绘制一条水平直线,此时在光标右下方出现"水平"标记 ─ ,表明系统自动添加所绘制直线的"水平"几何关系,直线长度任意,单击左键完成第一条直线绘制,如图3-4所示。

(2)绘制具有一定角度的直线。从水平直线的终止点开始继续向左上方绘制一条与水平直线

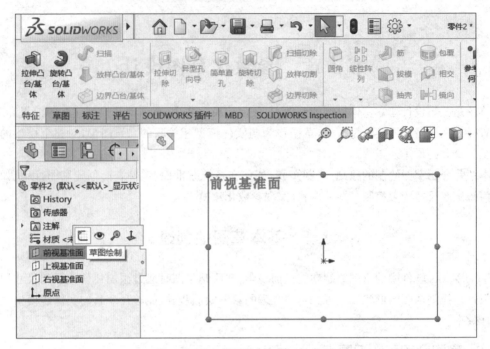

图 3-2　进入草图绘制环境(方式一)

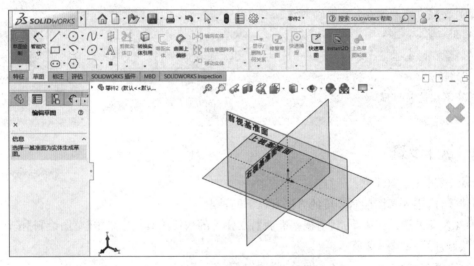

图 3-3　进入草图绘制环境(方式二)

有一定夹角的直线,目测与目标草图形状近似之后,单击左键确定斜线的终点位置。继续向左下方移动光标,到与斜线垂直的方向时,系统会显示出推理线,并在光标右下方出现"垂直"几何关系标记⊥,在垂直线的终止点单击鼠标左键,如图 3-5 所示,此时系统会为当前所绘制的直线与斜线之间自动添加"垂直"的几何关系。

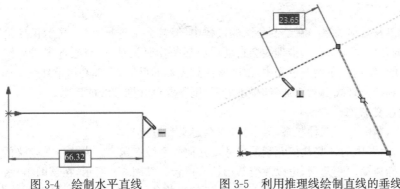

图 3-4　绘制水平直线　　　　　图 3-5　利用推理线绘制直线的垂线

（3）封闭草图。从垂直线的终止点开始继续水平向左绘制直线，到与坐标原点竖直共线的位置单击鼠标左键，继续向下画线，到坐标原点，单击左键封闭草图，如图 3-6 所示。

步骤三：添加尺寸约束，结束草图绘制。单击【草图】工具栏上的【智能尺寸】按钮 ，分别标注如图 3-7 所示的尺寸。单击【草图】工具栏上的【退出草图】按钮，完成草图绘制。

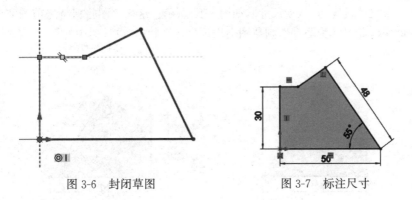

图 3-6　封闭草图　　　　　　　图 3-7　标注尺寸

3.1.3　知识拓展

1. 草图中的基准面

使用 SolidWorks 软件绘制草图时，首先必须要为所绘制的草图选择一个平面，这个平面可以是以下三种：

（1）三个默认的基准面——前视基准面、上视基准面或右视基准面；

（2）用户自己建立的参考基准面；

（3）已建立的实体模型的表面——平面。

2. 关于草图中的尺寸

在草图绘制中，通常先绘制草图的大致形状轮廓，然后通过添加"智能尺寸"和"几何关系"对草图图元进行完全定义，尺寸和几何关系可以驱动草图实体和形状的变化。

3. 关于草图中的几何关系

（1）坐标原点。进入草图绘制环境后，系统自动显示坐标原点，坐标原点为固定点，不可移动。绘制草图时需要用户将草图中有利于绘图的某一个点与坐标原点重合,以便于固定草图轮廓。

(2)推理线以及几何关系。在绘制草图的过程中,经常会出现推理线,显示正在绘制的图线和现有图线之间的几何关系。有些推理线会自动添加某些几何关系,而有些推理线只作为草图绘制过程中的参考线来使用。在绘图过程中,要时刻注意光标的反馈,合理利用推理线。如果需要某种几何关系,尽量利用推理线自动添加,如果不需要,则需要避开推理线的追踪。

4. 草图的定义状态

通常情况下,草图具有三种状态,欠定义、完全定义和过定义。

(1)欠定义:草图中的某些几何元素的尺寸或几何关系没有定义。草图中欠定义的元素显示为蓝色,此时用鼠标拖动这些元素,可以改变其形状或位置。如图3-8所示,在草图中,水平直线尺寸确定,显示为黑色,而斜线的长度和角度不确定,显示为蓝色,当用鼠标拖动欠定义的直线时,这些直线的长度或位置就会发生变化。欠定义的草图,设计树中在该草图名称前面有一个(一)标识。

(2)完全定义:草图中的所有元素都通过尺寸或几何关系进行了约束。完全定义的草图都显示为黑色,如图3-9所示,设计树中的草图名称前面无任何标识。

(3)过定义:草图中某些元素的尺寸或几何关系过多,导致对一个元素有多种冲突的约束。过定义的草图显示为黄色或红色。当草图过定义时,SolidWorks将提示注意尺寸多余问题,默认情况下,可以将多余尺寸设置为"从动尺寸",如图3-10所示。这样草图将保持之前的完全定义状态;如果此时选择"保留此尺寸为驱动",则草图会出现过定义状态,设计树中的草图名称前面出现(+)标识。

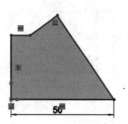

图 3-8　欠定义草图

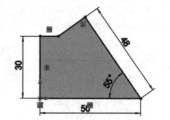

图 3-9　完全定义草图

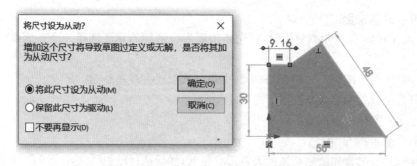

图 3-10　过定义草图

3.1.4　随堂练习

绘制草图 3-11、图 3-12。

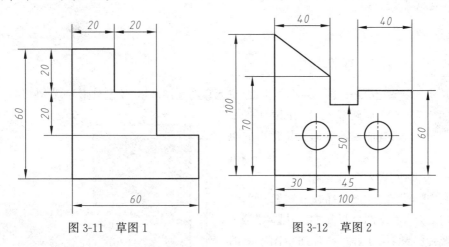

图 3-11　草图 1　　　　　　　图 3-12　草图 2

3.2　绘制简单草图

3.2.1　案例介绍和知识要点

【例 3-2】　绘制图 3-13 所示的草图。

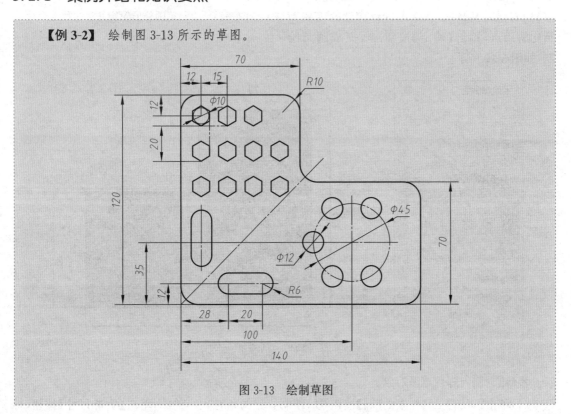

图 3-13　绘制草图

知识点：

(1)绘制草图命令；

(2)添加尺寸约束；

(3)草图编辑命令。

视频

例3-2
步骤一

3.2.2 操作步骤

步骤一：选择草图基准面，进入草图绘制环境，绘制外形轮廓。

(1)新建文件，在设计树中选择【前视基准面】，从弹出的快捷工具栏中选择【草图绘制】按钮，进入草图绘制环境。

(2)利用【草图】工具栏中的【直线】命令，绘制如图 3-14 所示的草图外形轮廓。从【草图】工具栏上，选择【智能尺寸】命令，标注草图轮廓的尺寸，使草图处于完全定义状态。

(3)绘制圆角。从【草图】工具栏上，单击【绘制圆角】命令按钮，在左侧弹出的属性管理器中，设置圆角半径为 10mm，单击【要圆角化的实体】列表框将其激活，在绘图区依次选择需要圆角化的顶点，单击【确定】按钮 ✔，完成圆角绘制，如图 3-15 所示。

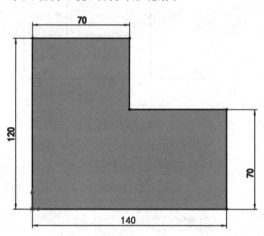

图 3-14　绘制草图外形轮廓并标注尺寸

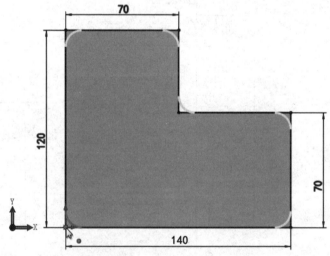

图 3-15　绘制圆角

步骤二：圆周阵列草图对象。

(1)单击【草图】工具栏上的【圆】按钮 ⊙，绘制直径为任意大小的圆，单击【智能尺寸】按钮，标注其定形和定位尺寸,如图 3-16(a)所示。单击该圆,在弹出的快捷工具栏中单击【构造几何线】按钮 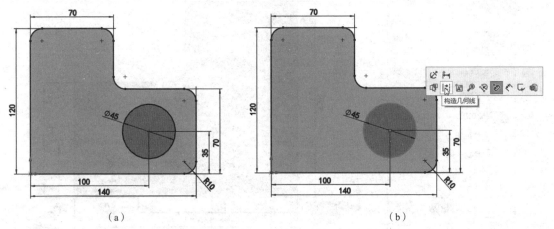,将圆由实体线转化为构造线,如图 3-16(b)所示。

（a）　　　　　　　　　　　　　　　（b）

图 3-16　绘制构造线圆

（2）在构造线圆最左侧的象限点处,绘制一个直径为 φ12 的圆,如图 3-17 所示。

视频

例3-2
步骤二

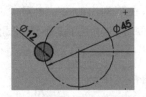

图 3-17　绘制圆周阵列的源对象

（3）在【草图】工具栏上,选择【圆周草图阵列】命令,如图 3-18 所示。在左侧弹出的属性面板中进行参数设置。

图 3-18　执行圆周草图阵列命令

（4）设置圆周阵列的参数。

①选择阵列中心点。单击【阵列中心点】列表框将其激活,在绘图区选择构造线圆的圆心作为阵列中心点,在属性管理器中显示中心点的 X、Y 坐标;

②勾选"等间距"和"标注半径"选项,阵列角度默认为 360°;

③设置阵列个数为"6";

④单击【要阵列的实体】列表框将其激活,在绘图区选择 φ12 的圆作为阵列对象。观察绘图区,出现如图 3-19 所示的预览;

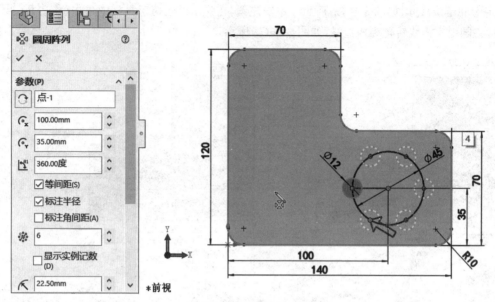

图 3-19 圆周草图阵列命令

⑤激活【可跳过的实例】列表框,在阵列出的每一个对象的圆心处都会出现一个紫色的圆点。移动光标到绘图区,单击最右侧不需要的小圆,该小圆被删除,单击【确定】按钮 ✓,如图 3-20 所示;

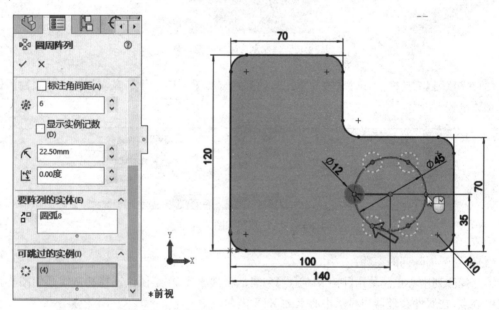

图 3-20 可跳过的实例图

⑥圆周阵列之后,观察绘图区,源对象为完全定义状态,而阵列出的对象为欠定义状态。拖动阵列中心点,使阵列中心点与φ45 的构造线圆建立"同心"的几何关系,此时草图会显示过定义。删除【圆周阵列】后系统自动标注的半径尺寸 22.5,则整个草图完全定义,如图 3-21 所示。

步骤三:绘制长圆形轮廓。

(1)在草图工具栏上,展开【直线】命令列表,单击【中心线】按钮 ,绘制水平中心线,并标注尺寸。绘制斜 45°中心线,通过两个圆角的圆心,如图 3-22 所示。

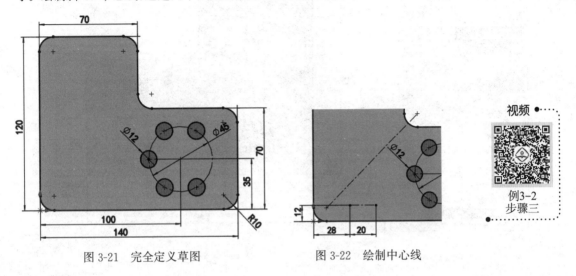

图 3-21　完全定义草图　　　　　　图 3-22　绘制中心线

视频
例3-2
步骤三

(2)单击草图工具栏上的【等距实体】按钮,弹出【等距实体】属性管理器,单击图中的水平中心线,在左侧的属性管理器中设置等距距离为 6 mm,勾选【双向】、【顶端加盖】复选框,勾选【顶端加盖】下面的【圆弧】选项,绘图区出现预览显示,单击【确定】按钮 ,完成等距实体操作,如图 3-23所示。

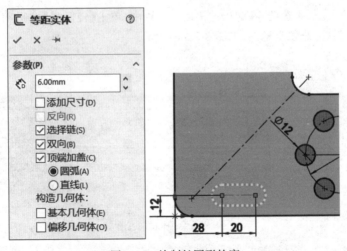

图 3-23　绘制长圆形轮廓

(3)单击草图工具栏上的【镜像实体】按钮 ,弹出【镜像】属性管理器,此时【要镜像的实体】列表框处于激活状态,依次单击长圆形轮廓的边线。勾选【复制】复选框,单击【镜像轴】列表框将其激活,在绘图区单击斜 45°中心线,显示镜像预览,单击【确定】按钮 ,完成镜像操作,如图 3-24所示。

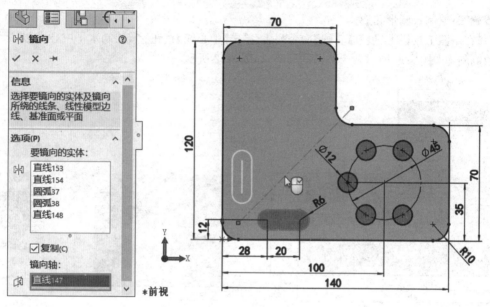

图 3-24　镜像实体

步骤四:线性阵列草图对象。

(1)绘制内切圆直径为φ10的正六边形。单击草图工具栏上的【多边形】命令按钮◎,弹出【多边形】属性管理器,设置参数,【边数】设为 6,勾选【内切圆】选项,在绘图区草图轮廓中绘制一个大小适当的正六边形,单击【确定】按钮 ✔,如图 3-25(a)所示。单击【智能尺寸】按钮 ❮,标注正六边形的尺寸。单击正六边形的任意一条边线,在弹出的快捷工具栏中,单击【使竖直】按钮 ∥,添加边线的几何关系,完全定义草图,如图 3-25(b)所示。

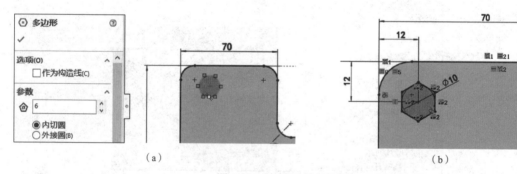

图 3-25　绘制正六边形

(2)单击草图工具栏上的【线性草图阵列】按钮 ❖,弹出【线性阵列】属性管理器,在方向 1 组中,设置 X 轴间距为 15mm,阵列个数为 4 个,勾选【标注 X 间距】复选框;在方向 2 组中,设置 Y 轴间距为 20mm,阵列个数为 3 个,勾选【标注 Y 间距】复选框;激活【要阵列的实体】列表框,在绘图区依次选择正六边形的边线;激活【可跳过的实例】列表框,在绘图区单击右上角的实例。观察绘图区的预览,如果阵列的方向与实际不符,可以单击【方向 1】组或【方向 2】组中的【反向】按钮 ↗,改变阵列方向,单击【确定】按钮 ✔,完成线性草图阵列操作,如图 3-26 所示。

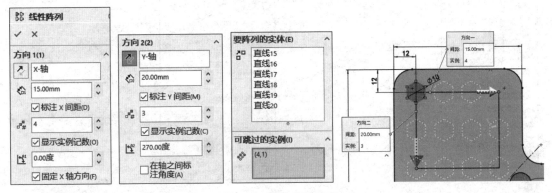

图 3-26　线性草图阵列

（3）完全定义草图。在绘图区单击阵列草图后添加的水平构造线，在快捷工具栏中单击【使水平】按钮 — ；单击竖直构造线，单击【使竖直】按钮 ｜ ，完全定义阵列的草图，完成线性阵列草图操作，如图 3-27 所示。

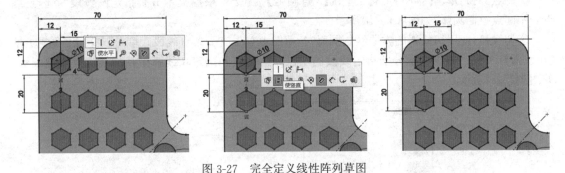

图 3-27　完全定义线性阵列草图

3.2.3　知识拓展

1. 草图绘制命令

（1）绘制圆

在【草图】工具栏上单击【圆】命令按钮 ⊙ ，弹出【圆】属性管理器，系统默认使用圆心和半径的方式创建圆。在绘图区单击左键确定圆心，移动鼠标再次单击确定半径即可绘制出一个圆，如图 3-28（a）所示。

另外一种绘制圆的方式为【周边圆】。用户可以在【圆】属性管理器中单击【周边圆】按钮 ○ ，在绘图区单击第一个点，移动光标预览出圆，然后依次单击第二点、第三点即可绘制出圆，如图 3-28（b）所示。

（2）绘制圆弧

圆弧是圆的一部分，SolidWorks 草图中圆弧的绘制方法有以下三种：

➢ 圆心/起点/终点圆弧；

➢ 三点圆弧；

➢ 切线弧。

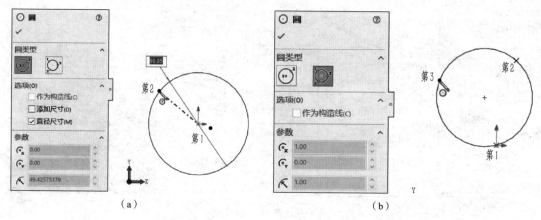

图 3-28　绘制圆

①圆心/起点/终点圆弧：单击【草图】工具栏上的【圆心/起/终点圆弧】按钮🔾，按照按钮图标的提示指定第一点为圆心，第二点和第三点为起点、终点绘制圆弧，如图 3-29(a)所示。

②三点圆弧：单击【草图】工具栏上的【3 点圆弧】按钮🔾，根据提示分别指定圆弧段的起点、终点和中间点绘制圆弧，如图 3-29(b)所示。

③切线弧：使用切线弧的方式绘制圆弧时，草图上首先有一条直线段。单击【草图】工具栏上的【切线弧】按钮🔾，根据提示分别指定线段的端点为第一点和决定切线弧半径的第二点绘制圆弧，如图 3-29(c)所示。

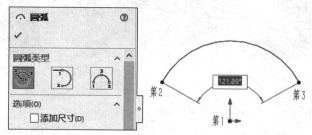

（a）圆心/起/终点圆弧

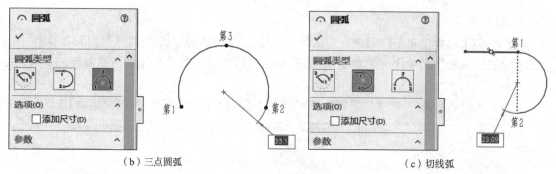

（b）三点圆弧　　　　　　　　　　　　　　　　（c）切线弧

图 3-29　绘制圆弧

(3)绘制矩形

草图中绘制矩形的方式共有五种，分别是边角矩形、中心矩形、3 点边角矩形、3 点中心矩形和平行四边形，本书只介绍常用的边角矩形和中心矩形两种绘制方式。

①边角矩形：单击【草图】工具栏上的【边角矩形】按钮 ⬜，根据提示分别指定矩形的两个角点绘制矩形，如图 3-30(a)所示。

②中心矩形：单击【草图】工具栏上的【中心矩形】按钮 ⬚，根据提示分别指定矩形的中心和一个对角点绘制矩形，如图 3-30(b)所示。

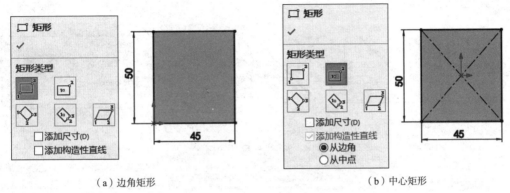

（a）边角矩形　　　　　　　　　　　　　　（b）中心矩形

图 3-30　绘制矩形

(4)绘制多边形

单击【草图】工具栏上的【多边形】按钮 ⬡，弹出【多边形】属性管理器。根据需要在【边数】文本框中输入多边形的边数，勾选创建多边形的方式【内切圆】或【外接圆】，在绘图区选择多边形的中心点，拖动鼠标预览出多边形，继续单击确定出多边形的大小和位置，如图 3-31 所示。

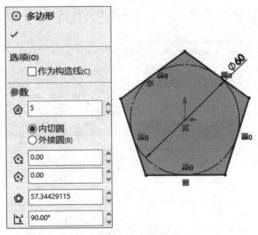

图 3-31　绘制多边形

2. 草图的尺寸标注

单击【草图】工具栏上的【智能尺寸】按钮，即可进行尺寸标注。标注完成后按【Esc】键，或者再次单击【智能尺寸】按钮，退出智能尺寸标注。常用的尺寸标注方式有以下几种。

(1)线性尺寸的标注

①启动智能尺寸标注命令，移动鼠标到待标注的直线上，单击即可显示该直线当前的线性尺寸。

②拖出线性尺寸，鼠标沿竖直方向上下移动，即可标注直线的水平尺寸，如图 3-32(a)所示；鼠

标沿水平方向左右移动,即可标注直线的垂直尺寸,如图 3-32(b)所示;鼠标沿直线的垂直方向两侧移动,即可标注直线的平行尺寸,如图 3-32(c)所示。用户可以根据具体情况,选择适当的位置单击鼠标放置尺寸,同时弹出【修改】尺寸对话框。

③在【修改】尺寸对话框中输入所需的尺寸数值,单击【确定】按钮✓,完成线性尺寸标注,如图 3-32(d)所示。

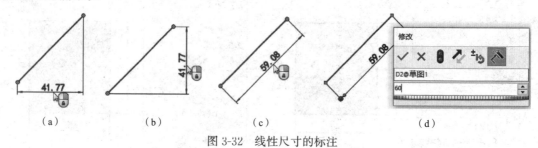

图 3-32　线性尺寸的标注

(2)圆尺寸的标注

①启动尺寸标注命令,移动鼠标到待标注的圆上,单击即可显示该圆当前的直径尺寸。

②移动鼠标到适当的位置时,单击放置尺寸,同时出现【修改】尺寸对话框。

③在【修改】尺寸对话框中输入所需的尺寸数值,单击【确定】按钮✓,完成圆的直径尺寸标注,如图 3-33(a)所示。

在草图中对圆进行尺寸标注时,SolidWorks 系统默认显示为直径尺寸。用户如果需要显示为半径尺寸,选中所要修改圆的直径尺寸,右击尺寸线,在弹出的快捷菜单中依次选择【显示选项】|【显示成半径】命令,尺寸类型即可由直径尺寸显示为半径尺寸,如图 3-33(b)所示。

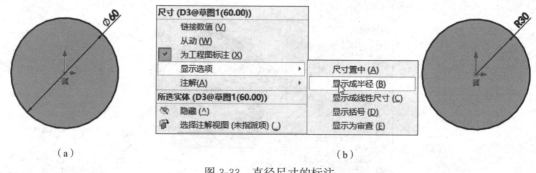

图 3-33　直径尺寸的标注

(3)圆弧尺寸的标注

圆弧的尺寸标注分为标注圆弧的半径、标注圆弧的弧长和标注圆弧对应弦长的线性尺寸。

①标注圆弧的半径。启动尺寸标注命令,直接单击圆弧,移动鼠标到适当的位置,单击放置尺寸,在弹出的【修改】尺寸对话框中输入尺寸数值,单击【确定】按钮✓,完成该圆弧半径尺寸的标注,如图 3-34(a)所示。

②标注圆弧的弧长。启动尺寸标注命令,分别选取圆弧的两个端点,再选取圆弧,移动鼠标到适当的位置,此时显示圆弧的弧长,单击放置尺寸,在弹出的【修改】尺寸对话框中输入尺寸数值,单击【确定】按钮✓,完成该圆弧弧长尺寸的标注,如图 3-34(b)所示。

③标注圆弧对应的弦长。启动尺寸标注命令,分别选取圆弧的两个端点,移动鼠标到适当的

位置,此时显示圆弧对应的弦长的线性尺寸,单击放置尺寸,在弹出的【修改】尺寸对话框中输入尺寸数值,单击【确定】按钮✔,完成该圆弧所对应的弦长尺寸的标注,如图 3-34(c)所示。

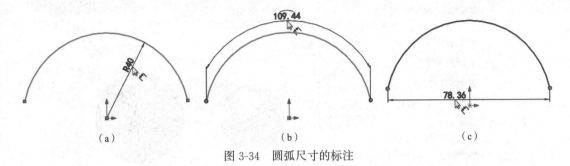

图 3-34　圆弧尺寸的标注

(4)角度尺寸的标注

①启动尺寸标注命令,分别单击待标注角度的两条边线,移动鼠标到不同位置即显示不同标注样式的尺寸预览,如图 3-35 所示。

②单击放置尺寸,同时出现【修改】尺寸对话框。

③在【修改】尺寸对话框中输入所需的尺寸数值,单击【确定】按钮✔,完成该角度尺寸标注。

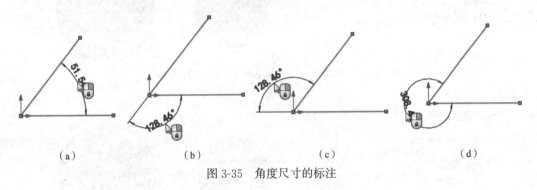

图 3-35　角度尺寸的标注

(5)标注两个圆的距离

①启动尺寸标注命令,分别单击待标注距离的两个圆,系统默认显示两个圆的中心距尺寸,如图 3-36(a)所示。

②选择默认尺寸数值(也可进行修改)单击放置尺寸。

③在左侧出现的【尺寸】属性管理器中切换到【引线】选项卡,在【圆弧条件】选项组的【第一圆弧条件】中选择【最小】,在【第二圆弧条件】中选择【最小】,切换到【数值】选项卡中输入【主要值】,可标注最小距离,如图 3-36(b)所示;用户还可在圆弧条件中选择【最大】,即可标注最大距离,如图 3-36(c)所示。

3. 草图编辑命令

使用基本绘图工具绘制草图之后,常常需要对草图进行编辑处理,下面介绍几种 SolidWorks 中常用的草图编辑命令。

(1)删除

在草图中如果需要删除某个图元时,可以使用删除命令。常用的删除方法是选中待删除图元,按【Delete】键即可;或者右击需要删除的图元,在弹出的快捷菜单中单击【删除】命令,如图 3-37 所示。

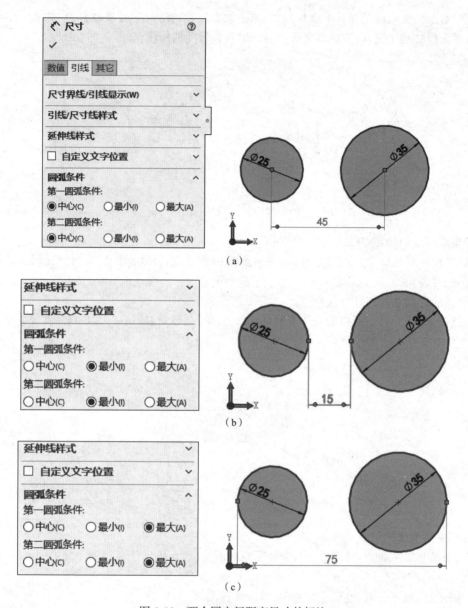

图 3-36　两个圆之间距离尺寸的标注

（2）绘制圆角

圆角命令可以在两个草图实体的交叉处形成一个圆弧，具体操作如下：

①在草图环境中，单击【草图】工具栏上的【绘制圆角】按钮 。

②绘图区左侧弹出【绘制圆角】属性管理器，在【圆角参数】组【圆角半径】文本框中输入数值，其他选项保留默认设置。

③激活【要圆角化的实体】选项框，在绘图区选择要圆角化的草图实体，单击角点或依次单击待圆角化的两条边线，预览圆角效果，单击【确定】按钮 ✓，完成圆角绘制，如图 3-38 所示。

（3）绘制倒角

倒角命令可以将一个顶点变成两个顶点，具体操作如下：

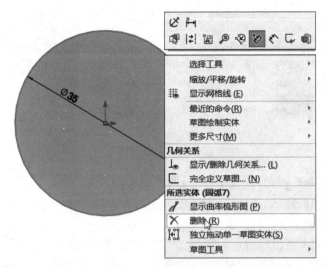

图 3-37 删除命令图

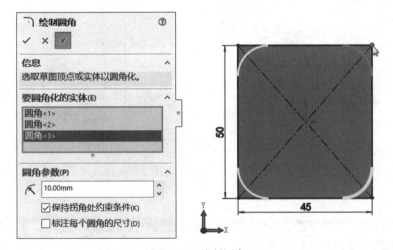

图 3-38 绘制圆角

①在草图环境中,单击【草图】工具栏上的【绘制倒角】按钮 ⁀。

②绘图区左侧弹出【绘制倒角】属性管理器,在【倒角参数】组中设置倒角参数。倒角的方式有三种,用户勾选【角度距离】时,分别在距离和角度文本框中输入相应的距离和角度值,能够绘制如图 3-39(a)所示的倒角;用户勾选【距离－距离】时,在两个距离文本框中分别输入两个不等的距离值,能够绘制如图 3-39(b)所示的倒角;如果同时勾选了【相等距离】复选框,则只需输入一个距离值,能够绘制如图 3-39(c)所示的倒角。

③选择要倒角的草图实体。单击角点或依次单击待倒角的两条边线,预览倒角效果,单击【确定】按钮 ✔,完成倒角。

(4)等距实体

等距实体命令可以按照用户指定的距离等距一个或多个草图实体,具体操作如下:

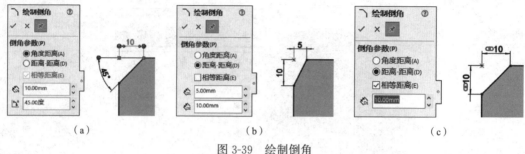

图 3-39　绘制倒角

①在草图环境中，单击【草图】工具栏上的【等距实体】按钮 ⎾。

②绘图区左侧弹出【等距实体】属性管理器，输入等距数值，在绘图区选择要等距的源对象，此时在绘图区生成预览，默认为向外等距，如图 3-40(a)所示。

③用户根据需要可勾选【反向】复选框，改变等距方向，即向内等距，如图 3-40(b)所示；勾选【双向】复选框，实体向两个方向等距，如图 3-40(c)所示；勾选【选择链】复选框，用来选择连续草图实体。最后单击【确定】按钮 ✓，完成等距实体。

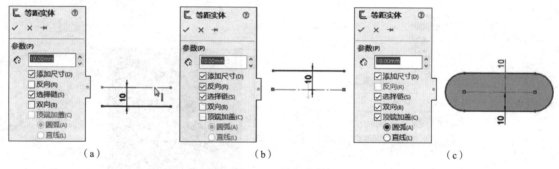

图 3-40　等距实体

（5）剪裁实体

在草图中如果需要去除草图实体中的多余部分，可以执行【剪裁实体】命令。单击【草图】工具栏上的【裁剪实体】按钮 ⍟，在弹出的【剪裁】属性管理器中共有五种裁剪模式，其中最常用的是【强劲裁剪】。使用【强劲裁剪】方式进行裁剪时，按住左键并拖动，鼠标指针扫过的草图实体将被裁掉。

（6）镜像

镜像实体命令可以方便快捷地绘制轴对称图形，具体操作如下：

①在草图环境中，单击【草图】工具栏上的【镜像实体】按钮 ⋈。

②绘图区左侧弹出【镜像】属性管理器，激活【要镜像的实体】列表框，在绘图区选择要镜像的源对象实体；激活【镜像轴】列表框，在绘图区单击对称线（可以是中心线，也可以是实体线）。此时在绘图区生成预览，如图 3-41 所示。

③用户根据需要勾选【复制】复选框，生成新的镜像实体，同时镜像源对象实体保留；取消勾选【复制】复选框，只生成新的镜像实体，镜像源对象实体将会消失。最后单击【确定】按钮 ✓，完成镜像实体。

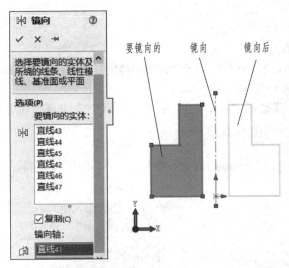

图 3-41 镜像实体

3.3 绘制复杂草图

3.3.1 案例介绍和知识要点

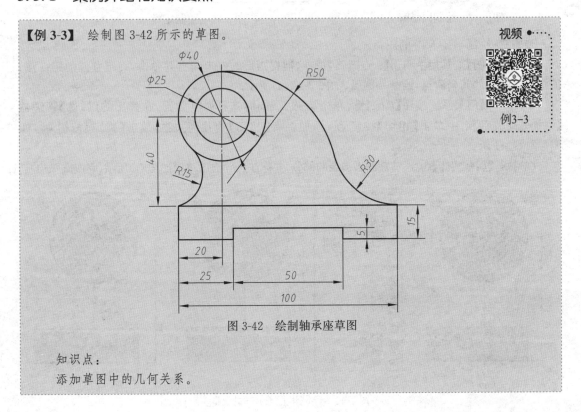

图 3-42 绘制轴承座草图

知识点:

添加草图中的几何关系。

3.3.2 操作步骤

步骤一:绘制同心圆。

(1)新建文件,在【草图】环境下选择【前视基准面】绘制草图,单击【圆】命令按钮,以坐标原点为圆心,绘制任意大小的两个同心圆。

(2)标注尺寸。单击【智能尺寸】按钮,分别标注两个圆的直径尺寸为 25mm 和 40mm,如图 3-43 所示。

步骤二:绘制矩形

在【草图】工具栏中选择【边角矩形】命令按钮,在同心圆下方绘制一个矩形,并标注尺寸,如图 3-44 所示。

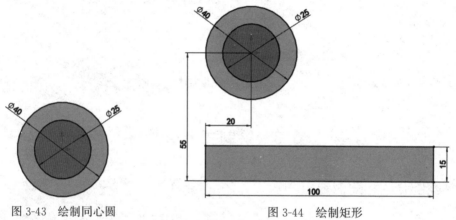

图 3-43　绘制同心圆　　　　　　　　　图 3-44　绘制矩形

步骤三:绘制半径 $R15$ 的圆弧。

(1)在【草图】工具栏中单击【3 点圆弧】命令,捕捉矩形的左上角点并单击,确定圆弧的第一点,依次指定圆弧的其余两点,绘制一圆弧,如图 3-45(a)所示。

(2)添加几何关系。按住【Ctrl】键,单击该圆弧,同时选择 $\phi 40$ 的圆,在弹出的【属性】管理器【添加几何关系】组中单击【相切】按钮 ⌒,添加二者【相切】的几何关系,单击【确定】按钮 ✓,如图 3-45(b)所示。

(3)执行【剪裁实体】命令,剪裁圆弧多余的部分,并标注尺寸 $R15$,如图 3-45(c)所示,完成圆弧绘制。

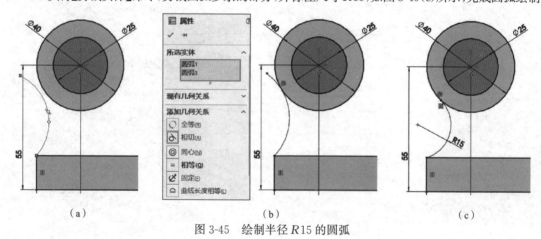

(a)　　　　　　　　　　　(b)　　　　　　　　　　　(c)

图 3-45　绘制半径 $R15$ 的圆弧

步骤四:绘制半径 $R50$ 和 $R30$ 的圆弧。

(1)在【草图】工具栏中单击【3 点圆弧】命令绘制其余两段圆弧,并标注尺寸,大圆弧半径为 $R50$,小圆弧的半径为 $R30$,如图 3-46(a)所示。

(2)添加几何关系。按住【Ctrl】键,选择φ40 的圆,同时选择 $R50$ 的圆弧,在弹出的【属性】管理器【添加几何关系】组中单击【相切】按钮 ⚬ ,添加二者【相切】的几何关系,单击【确定】按钮 ✓ 。按照同样的方法分别让 $R50$ 的圆弧和 $R30$ 的圆弧相切,$R30$ 的圆弧和矩形的上边线相切,并剪裁圆弧多余部分,如图 3-46(b)所示。

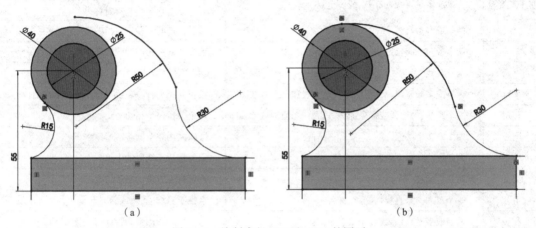

图 3-46 绘制半径 $R50$ 和 $R30$ 的圆弧

步骤五:绘制矩形槽轮廓。

(1)在【草图】工具栏中选择【边角矩形】命令按钮,绘制一个矩形,使其下边线与原矩形的下边线重合,并标注尺寸,如图 3-47(a)所示。

(2)剪裁。单击【草图】工具栏中的【剪裁实体】命令按钮,在弹出的【剪裁】属性管理器中选择默认剪裁类型【强劲剪裁】。在绘图区按住鼠标左键并划过需要剪裁的图元,如图 3-47(b)所示,单击【确定】按钮 ✓ ,完成轴承座草图轮廓的绘制。

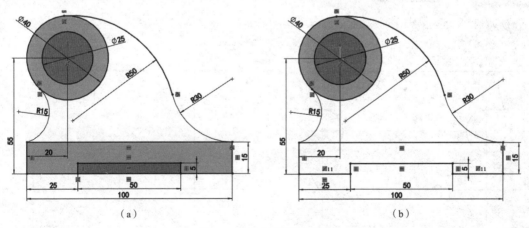

图 3-47 绘制轴承座草图

3.3.3 知识拓展

在进行草图绘制时,根据需要,在草图实体之间或草图与基准面、基准轴、边线之间添加对应几何约束。表 3-1 列出了绘制草图时常用的几何关系及其适用的对象和结果。

表 3-1 草图中的几何关系

几何关系	适用对象	结 果
水平或竖直	一条或多条直线,或两个或多个点	直线会变成水平或竖直(由当前草图的空间定义),而点会水平或竖直对齐
共线	两条或多条直线	项目位于同一条无限长的直线上
全等	两个或多个圆弧	项目会共用相同的圆心和半径
垂直	两条直线	两条直线相互垂直
平行	两条或多条直线,3D 草图中一条直线和一个基准面	项目互相平行。直线平行于所选基准面
相切	一个圆弧、椭圆弧或样条曲线,以及一条直线或圆弧	两个项目保持相切
同心	两个或多个圆弧,或一个点和一个圆弧	圆弧共用一个圆心
中点	两条直线或一个点和一条直线	点保持位于线段的中点
交叉	两条直线和一个点	点保持于直线的交叉点处
重合	一个点和一条直线、圆弧或椭圆	点位于直线、圆弧或椭圆上
相等	两条或多条直线,或两个或多个圆弧	直线长度或圆弧半径保持一致
对称	一条中心线和两个点、直线、圆弧或椭圆	项目保持与中心线相等距离,并位于一条与中心线垂直的直线上
固定	任何实体	实体的大小和位置被固定。然而,固定直线的端点可以自由地沿直线无限长移动
穿透	一个草图点和一个基准轴、边线、直线或样条曲线	草图点与基准轴、边线或曲线在草图基准面上穿透的位置重合
合并点	两个草图点或端点	两个点合并成一个点

 ### 3.3.4 随堂练习

绘制图 3-48～图 3-51 的草图。

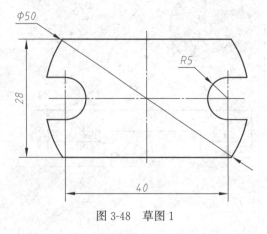

图 3-48 草图 1

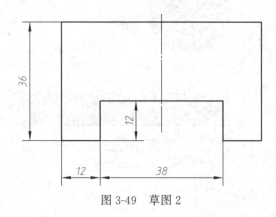

图 3-49 草图 2

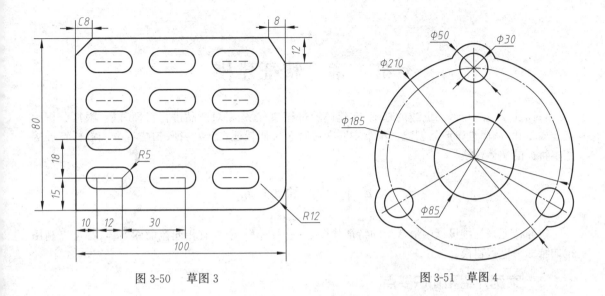

图 3-50 草图 3

图 3-51 草图 4

第4章 特征建模

特征建模是进行产品创建的基础,在建模的过程中,首先要对产品进行特征分析,根据分析确定建模步骤,从而进行产品创建。本章主要学习基于拉伸特征、旋转特征、扫描特征和放样特征等基本特征的实体建模。

4.1 拉 伸 特 征

拉伸特征是三维设计中最常用的特征建模之一。任何一个具有相同截面的实体,都可以利用拉伸特征来进行建模。

4.1.1 案例介绍和知识要点

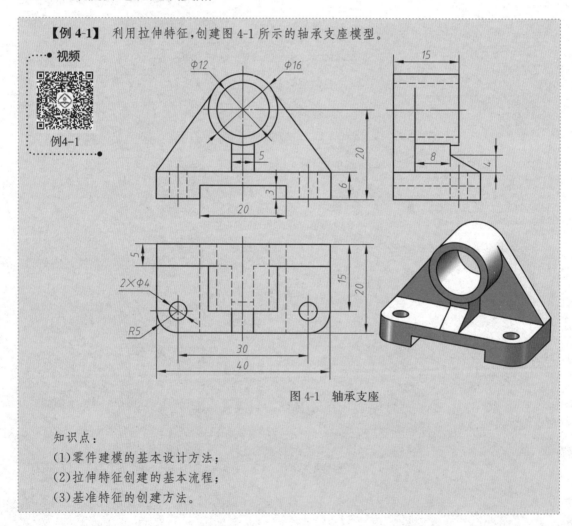

【例4-1】 利用拉伸特征,创建图4-1所示的轴承支座模型。

视频

例4-1

图4-1 轴承支座

知识点:
(1)零件建模的基本设计方法;
(2)拉伸特征创建的基本流程;
(3)基准特征的创建方法。

4.1.2　操作步骤

步骤一：建立基础特征—底板。

（1）新建零件，选取上视基准面进入草图环境，绘制图 4-2(a)所示的草图。

（2）单击【特征】工具栏上的【拉伸凸台/基体】按钮，绘图区左侧弹出【凸台－拉伸】属性管理器，在【方向 1】组中的下拉列表中选择终止条件为【给定深度】，输入深度值"6.00mm"，单击【确定】按钮，完成底板的建模，如图 4-2(b)所示。

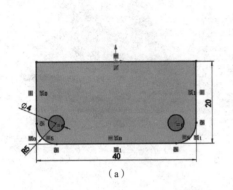
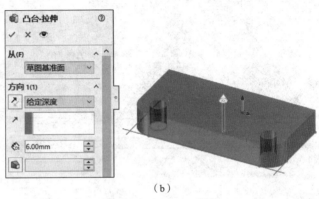

（a）　　　　　　　　　　　　　　　　　　　　　　　　（b）

图 4-2　创建底板

步骤二：创建圆柱体。

（1）选取前视基准面进入草图环境，绘制图 4-3(a)所示的草图。

（2）单击【特征】工具栏上的【拉伸凸台/基体】按钮，绘图区左侧弹出【凸台－拉伸】属性管理器，在【方向 1】组中的下拉列表中选择终止条件为【给定深度】，输入深度值"15.00mm"，单击【确定】按钮，完成圆柱体的创建，如图 4-3(b)所示。

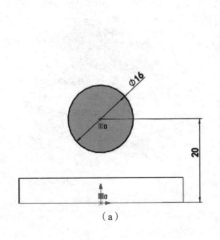
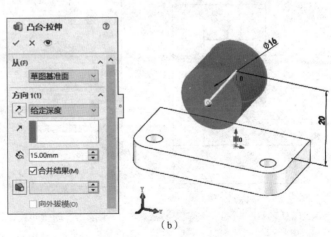

（a）　　　　　　　　　　　　　　　　　　　　　　　　（b）

图 4-3　创建圆柱

步骤三：创建支撑板。

（1）选取前视基准面进入草图环境。从底板的左右两个端点分别绘制直线与圆相切，连接两直线下边的两个端点；在【草图】工具栏中单击【转换实体引用】按钮，绘图区左侧弹出【转换实体引用】属性管理器,在绘图区选择圆周边线作为要转换的实体,单击【确定】按钮 ✓。利用【剪裁实体】命令,将部分圆弧剪裁掉,形成一个封闭的草图轮廓,如图 4-4(a)所示。

(2)单击【特征】工具栏上的【拉伸凸台/基体】按钮 📵,绘图区左侧弹出【凸台-拉伸】属性管理器,在【方向 1】组中的下拉列表中选择终止条件为【给定深度】,输入深度值"5.00mm",单击【确定】按钮 ✓,完成支撑板的创建,如图 4-4(b)所示。

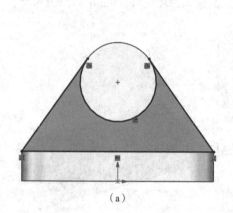
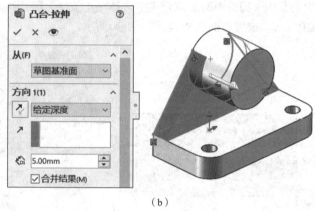

图 4-4　创建支撑板

步骤四:创建肋板。

(1)选取右视基准面进入草图环境,绘制如图 4-5(a)所示的草图轮廓。

(2)单击【特征】工具栏上的【拉伸凸台/基体】按钮 📵,绘图区左侧弹出【凸台-拉伸】属性管理器,在【方向 1】组中的下拉列表中选择终止条件为【两侧对称】,输入深度值"5.00mm",单击【确定】按钮 ✓,完成肋板的创建,如图 4-5(b)所示。

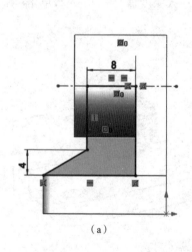
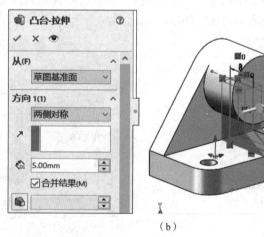

图 4-5　创建肋板

步骤五:创建底板下端的方槽。

(1)单击底板前表面进入草图环境,绘制如图 4-6(a)所示的草图轮廓。

(2)单击【特征】工具栏上的【拉伸切除】按钮 📵,绘图区左侧弹出【切除-拉伸】属性管理器,在【方向 1】组中的下拉列表中选择终止条件为【完全贯穿】,单击【确定】按钮 ✓,完成切除方槽,如图 4-6(b)所示。

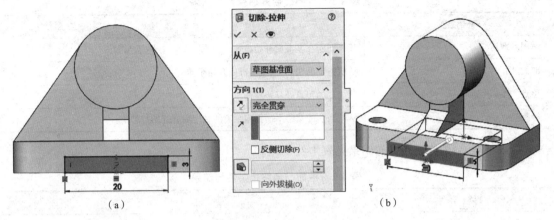

图 4-6　创建方槽

步骤六：创建圆柱体上的圆柱孔。

（1）选取圆柱前表面进入草图环境，在【草图】工具栏上单击【等距实体】命令，设置等距距离"2.00mm"，在绘图区选择圆周，如图 4-7（a）所示，完成草图。

（2）单击【特征】工具栏上的【拉伸切除】按钮 ，绘图区左侧弹出【切除-拉伸】属性管理器，在【方向 1】组中的下拉列表中选择终止条件为【完全贯穿】，单击【确定】按钮 ，完成圆柱孔的切除，如图 4-7（b）所示。

至此，轴承支座的三维模型创建完成。

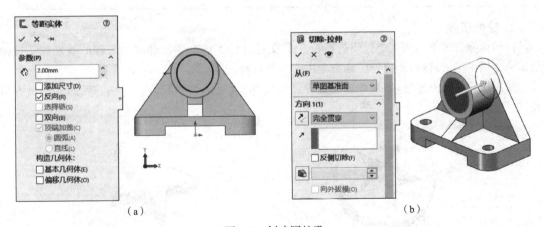

图 4-7　创建圆柱孔

4.1.3　知识拓展

1. 拉伸凸台

拉伸凸台方式是把一个封闭的特征轮廓拉伸出具有一定厚度的实体。在拉伸凸台方式中，不同的设计意图分别对应不同的开始条件和终止条件，所生成特征的性质也不同。

（1）拉伸凸台的开始条件与结果见表 4-1。

表 4-1 拉伸凸台开始条件与结果

开始条件	结 果
草图基准面	从草图所在基准面开始拉伸
曲面/面/基准面	从所指定的曲面、面或基准面开始拉伸
顶点	从指定的顶点处开始拉伸
等距	从与当前的草绘平面指定距离的基准面上开始拉伸

(2)拉伸凸台的终止条件与结果见表 4-2。

表 4-2 拉伸凸台终止条件与结果

终止条件	结 果
给定深度	指定的深度拉伸
完全贯穿	从草图基准面开始,贯穿所有几何体
成形到下一面	从草图基准面开始,拉伸成形到下一面截止
成形到一顶点	拉伸到指定的模型或草图的顶点
成形到一面	拉伸到指定的曲面、面或基准面
到离指定面的指定距离	拉伸到离指定面一定距离处
成形到实体	拉伸到指定的实体
两侧对称	从草图基准面向两个方向对称拉伸

2. 拉伸切除

拉伸切除方式是利用一个封闭的特征轮廓在已有的实体上进行切除。二者的差别就是拉伸凸台命令用于生成材料,而拉伸切除命令用于去除材料。

使用拉伸切除方式时,如果在属性管理器中选择了【反侧切除】选项,将移除轮廓外的所有材质,如图 4-8 所示。

(a)切除

(b)反侧切除

图 4-8 拉伸切除

3. 基准特征的创建

基准特征也称参考几何体,在设计过程中作为参考基准使用。基准特征包括基准面、基准轴、坐标系和点。

(1)基准面

SolidWorks 系统为用户提供了三个默认的基准面——前视基准面、上视基准面和右视基准面,除此之外用户可以根据建模需要自己创建基准面,在【特征】工具栏中单击【参考几何体】按钮，在下拉列表中选择【基准面】，绘图区左侧弹出【基准面】属性管理器。创建基准面至少需要两个条件——创建基准面的参照以及基准面的生成条件，下面介绍创建基准面的 8 种方法：

①重合——生成一个通过选定参考面的基准面。例如，【第一参考】选择立体前表面，生成条件选择【重合】按钮 ，创建如图 4-9(a)所示的基准面。

②平行——生成一个与选定参考面平行的基准面。例如，【第一参考】选择立体前表面，生成条件选择【平行】按钮 ，【第二参考】选择立体表面上一个点，生成通过该点与指定表面平行的基准面，如图 4-9(b)所示。

③垂直——生成一个与选定参考线垂直的基准面。例如，【第一参考】选择立体前表面的一条对角线，生成条件选择【垂直】，【第二参考】选择立体表面一个顶点，生成过顶点与所选对角线垂直的基准面，如图 4-9(c)所示。

④两面夹角——生成的基准面通过一条边线、轴线或草图线，并与指定的一个面成一定角度。例如，【第一参考】选择立体的一条边线，生成条件选择【重合】，【第二参考】选择立体前表面，生成条件选择【两面夹角】，设置夹角度数值为 60°，生成过边线与面夹 60°的基准面，如图 4-9(d)所示。

⑤偏移距离——生成一个与指定面平行，并偏移指定距离的基准面。例如，【第一参考】选择立体前表面，生成条件选择【平行】，设置【偏移距离】数值为 20，生成与立体前表面距离为 20mm 的基准面，如图 4-9(e)所示。

⑥两侧对称——在平面、参考基准面以及 3D 草图基准面之间生成一个两侧对称的基准面。例如，【第一参考】和【第二参考】分别选择立体前表面和右表面，生成如图 4-9(f)所示的基准面。

⑦相切——生成一个与圆柱面、圆锥面、非圆柱面以及空间面相切的基准面。例如，【第一参考】选择圆柱面，【第二参考】选择前视基准面，生成条件选择【垂直】，生成与圆柱面相切并与前视基准面垂直的基准面，如图 4-9(g)所示。

⑧投影——将单个对象(点、顶点、原点或坐标系)投影到空间曲面上。例如，【第一参考】选择四棱柱表面顶点，【第二参考】选择圆柱面，生成图 4-9(h)所示的基准面。

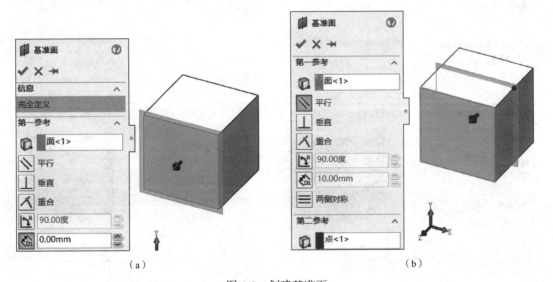

(a)　　　　　　　　　　　　　　　　(b)

图 4-9　创建基准面

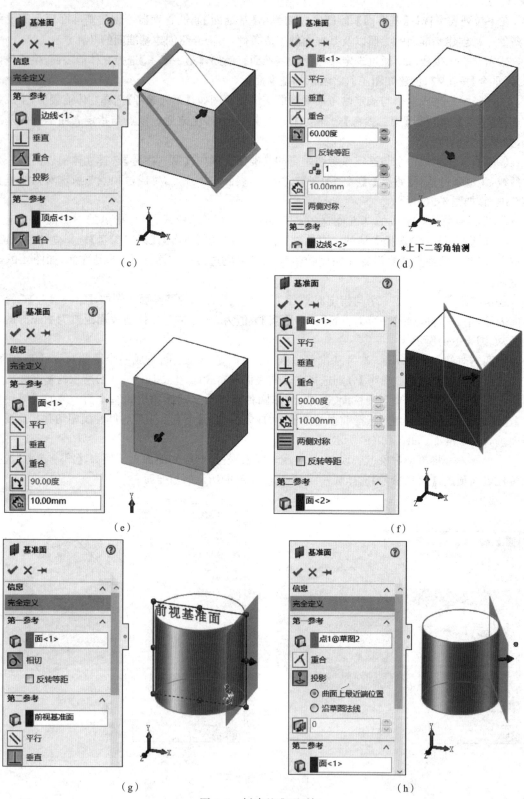

图 4-9　创建基准面(续)

（2）基准轴

基准轴也是一种参考几何体，在需要为其他特征服务，或建模时需要生成某些特殊特征时使用。

在【特征】工具栏中单击【参考几何体】按钮，在下拉列表中选择【基准轴】按钮 ，绘图区左侧弹出【基准轴】属性管理器，下面介绍创建基准轴的 5 种方法：

①一直线/边线/轴——通过一条草图直线、边线或轴。例如，单击模型上的一条边线，选择条件为【一直线/边线/轴】，在绘图区生成图 4-10(a)所示的基准轴。

②两平面——两平面的交线。例如，选择条件为【两平面】，在设计树中选择前视基准面和右视基准面，生成图 4-10(b)所示的基准轴。

③两点/顶点——通过两个点或模型顶点，也可以是中点。例如，选择条件为【两点/顶点】，在绘图区选择立体对角点，生成图 4-10(c)所示的基准轴。

④圆柱/圆锥面——通过圆柱面或圆锥面的轴线。例如，选择条件为【圆柱/圆锥面】，在绘图区选择圆柱面，生成图 4-10(d)所示的基准轴。

⑤点和面/基准面——通过一个点和一个面。例如，选择条件为【点和面/基准面】，在绘图区立体的一个顶点和基准面 2，生成图 4-10(e)所示的基准轴。

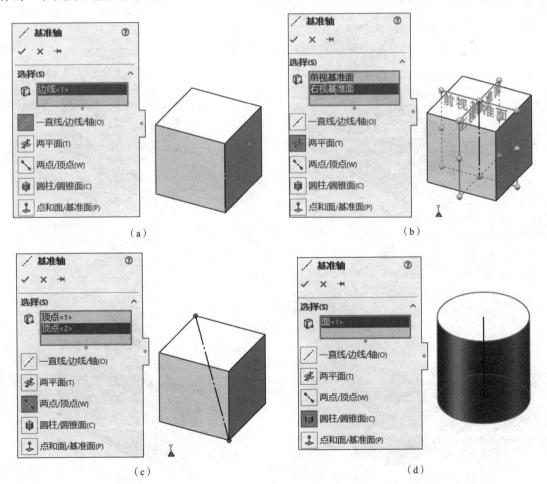

图 4-10　创建基准轴

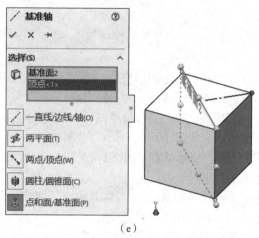

（e）

图 4-10　创建基准轴（续）

4.1.4　随堂练习

建立图 4-11～图 4-14 所示的模型。

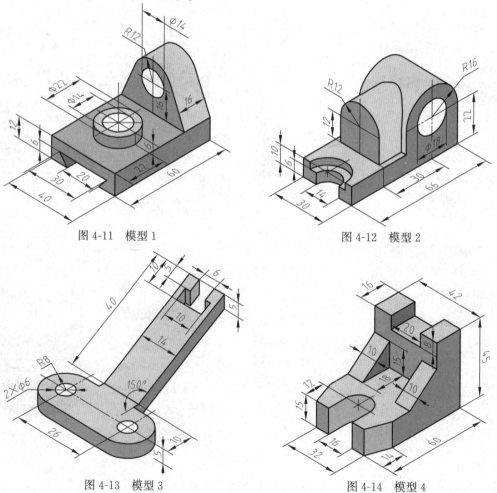

图 4-11　模型 1

图 4-12　模型 2

图 4-13　模型 3

图 4-14　模型 4

4.2 旋 转 特 征

旋转特征是指草图轮廓绕着一根轴线旋转,最终生成回转体的建模方式,适用于回转类零件的建模。与拉伸特征类似,旋转特征也分为旋转凸台和旋转切除两种。

4.2.1 案例介绍和知识要点

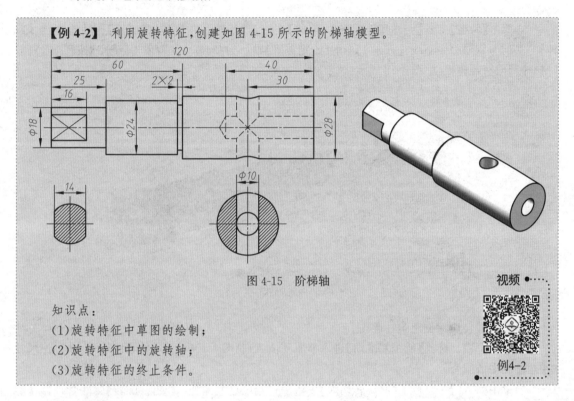

【例 4-2】 利用旋转特征,创建如图 4-15 所示的阶梯轴模型。

图 4-15 阶梯轴

视频

例4-2

知识点:

(1)旋转特征中草图的绘制;

(2)旋转特征中的旋转轴;

(3)旋转特征的终止条件。

4.2.2 操作步骤

步骤一:旋转凸台建立基础特征。

(1)绘制草图。选取【前视基准面】进入草图环境,绘制图 4-16 所示的草图,并标注轴向尺寸。

(2)标注径向尺寸。单击【特征】工具栏上的【智能尺寸】按钮 ,单击轴段的轮廓线和中心线,将鼠标移动到中心线上方,显示当前该轴段的径向尺寸。单击放置该尺寸,在弹出的【修改】尺寸对话框中输入新的尺寸值,单击【确定】按钮 。按照同样方式依次标注其余轴段的径向尺寸,完全定义草图,如图 4-17 所示。

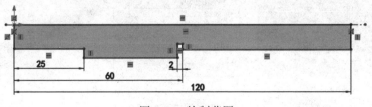

图 4-16 绘制草图

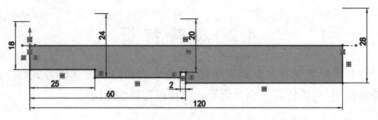

图 4-17 标注径向尺寸

(3)单击【特征】工具栏上的【旋转凸台/基体】按钮 🌡 ,绘图区左侧弹出【旋转】属性管理器,【旋转轴】默认为草图的中心线,【方向1】中的【给定深度】默认为"360.00度",单击【确定】按钮 ✓ ,完成阶梯轴基础特征建模,如图 4-18 所示。

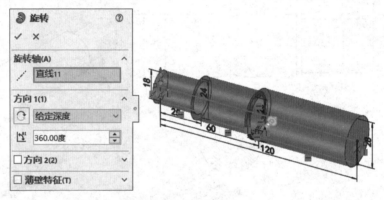

图 4-18 旋转凸台

步骤二:旋转切除创建圆柱通孔。

(1)绘制草图。选择【前视基准面】进入草图环境,绘制图 4-19(a)所示的草图轮廓,并标注尺寸(注意绘制中心线)。

(2)单击【特征】工具栏上的【旋转切除】按钮 🛅 ,绘图区左侧弹出【切除-旋转】属性管理器,【旋转轴】默认为草图的中心线,【方向1】中的【给定深度】默认为"360.00度",单击【确定】按钮 ✓ ,完成旋转切除创建圆柱通孔,如图 4-19(b)所示。

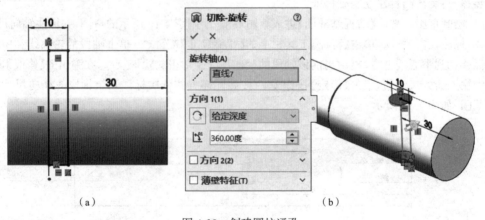

（a） （b）

图 4-19 创建圆柱通孔

步骤三：旋转切除创建阶梯轴右端圆柱盲孔。

（1）绘制草图。选择【前视基准面】进入草图环境，绘制图 4-20(a)所示的草图轮廓，并标注尺寸（注意绘制中心线）。

（2）单击【特征】工具栏上的【旋转切除】按钮 🔟，绘图区左侧弹出【切除-旋转】属性管理器，【旋转轴】默认为草图的中心线，【方向 1】中的【给定深度】默认为"360.00度"，单击【确定】按钮 ✓，完成旋转切除创建右端圆柱盲孔，如图 4-20(b)所示。

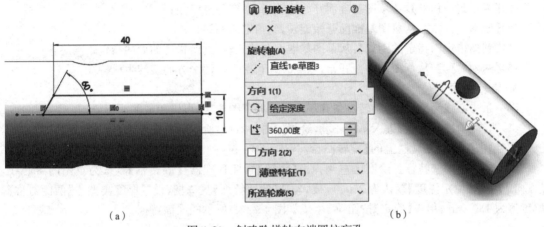

（a）　　　　　　　　　　　　　　（b）

图 4-20　创建阶梯轴右端圆柱盲孔

步骤四：拉伸切除创建轴左端的方头。

（1）单击轴的左端面进入草图环境，绘制图 4-21(a)所示的矩形，并标注尺寸。

（2）单击【特征】工具栏上的【拉伸切除】按钮 🔟，绘图区左侧弹出【拉伸-切除】属性管理器，开始条件选择【草图基准面】，【方向 1】中的【给定深度】设置为"16.00mm"，勾选【反侧切除】复选框，单击【确定】按钮 ✓，完成方头的创建，如图 4-21(b)所示。

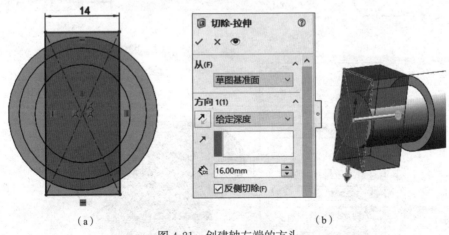

（a）　　　　　　　　　　　　　（b）

图 4-21　创建轴左端的方头

4.2.3　知识拓展

1. 旋转轴

在旋转特征建模中，旋转轴是旋转特征回转的中心线，它可以与一条边线重合，但是不能与草图曲线相交。通常在绘制草图时,旋转轴以中心线的形式画出。当草图中的中心线只有一条时,旋转建模过程中系统默认以唯一的中心线作为旋转轴进行建模,如果草图中的中心线多于两条时,用户需要指定旋转轴。

2. 旋转特征的终止条件

旋转特征的终止条件包含以下几种。

(1)【给定深度】:从草图基准面开始,以单一方向旋转生成模型;

(2)【成形到一顶点】:从草图基准面开始旋转,到指定顶点终止;

(3)【成形到一面】:从草图基准面开始旋转,到指定曲面终止;

(4)【到离指定面指定的距离】:从草图基准面开始旋转,到所指定曲面的指定距离终止;

(5)【两侧对称】:从草图基准面开始,以顺时针和逆时针两个方向旋转生成特征。

3. 旋转曲面

以一条中心线为旋转轴,旋转一条开环或闭环的草图轮廓,可以生成曲面特征。

(1)选择【前视基准面】进入草图环境,绘制如图 4-22(a)所示的草图轮廓,尺寸自定。

(2)单击【特征】工具栏上的【旋转凸台/基体】按钮 ,弹出如图 4-22(b)所示的对话框,选择"否"以生成一个薄壁特征。绘图区左侧弹出【旋转】属性管理器,【旋转轴】默认为草图的中心线,【方向 1】中的【给定深度】默认为 360.00 度,勾选【薄壁特征】复选框,设置厚度类型为【两侧对称】,厚度值为 1.00mm,单击【确定】按钮 ,生成如图 4-22(c)所示的曲面特征。

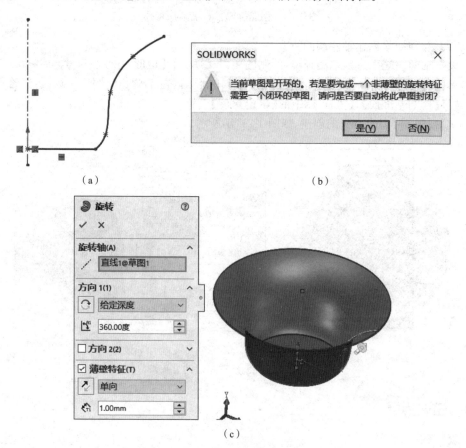

图 4-22　旋转曲面

4.2.4 随堂练习

建立图 4-23～图 4-26 所示的模型。

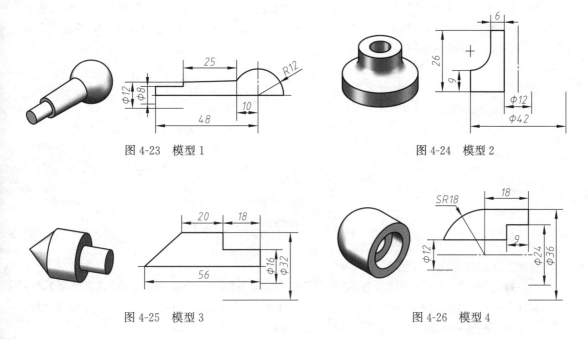

图 4-23 模型 1　　　　　　　　图 4-24 模型 2

图 4-25 模型 3　　　　　　　　图 4-26 模型 4

4.3 扫 描 特 征

扫描特征是建模中常用的一类特征。该特征是一截面沿着一条路径生成凸台、切除实体、曲面等。常用于截面变化比较多且不规则的模型。

4.3.1 案例介绍和知识要点——扫描特征

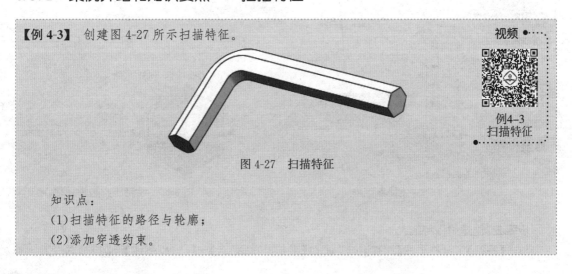

【例 4-3】 创建图 4-27 所示扫描特征。

视频 •······

例4-3
扫描特征

图 4-27 扫描特征

知识点：
(1)扫描特征的路径与轮廓；
(2)添加穿透约束。

4.3.2 操作步骤

步骤一:绘制扫描路径。

单击【草图】工具栏中的【绘制草图】按钮▣,选取【上视基准面】进入草图环境。绘制长度为80.00mm、高度为40.00mm、圆角半径为10.00mm的路径,单击【确定】按钮✔,并退出当前草图环境,完成扫描凸台路径的绘制,如图4-28所示。

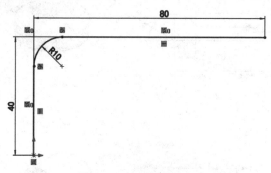

图4-28 绘制扫描路径

步骤二:绘制扫描截面轮廓。

(1)单击【特征】工具栏中的【参考几何体】按钮🔩,单击【基准面】按钮▤。弹出【基准面】属性管理器,【第一参考】选择【扫描路径】中的直线,单击【垂直】选项,【第二参考】选择该直线端点,单击【重合】选项,单击【确定】按钮✔,创建与路径垂直的基准面1,如图4-29所示。

(2)选取基准面1,进入草图环境,绘制正六边形的轮廓,内切圆的直径为10.00mm,添加正六边形任意一边【竖直】的几何关系,选取圆心与草图1中的直线,添加穿透约束,完全定义草图,如图4-30所示。

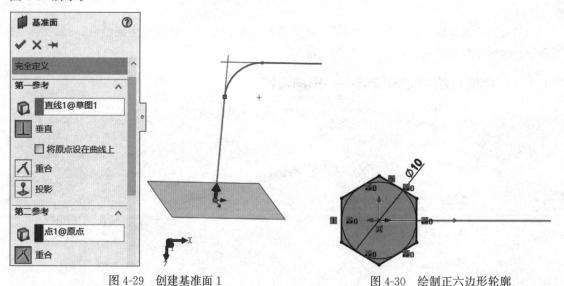

图4-29 创建基准面1   图4-30 绘制正六边形轮廓

步骤三:创建扫描特征。

单击【特征】工具栏中的【扫描】按钮🪱(或下拉菜单【插入】→【凸台/基体】→【扫描命令】)。弹出【扫描】属性管理器,【轮廓和路径】组中选取【草图轮廓】,轮廓 ⌒⁰ 中选取【草图 2】,路径 ⌒ 中选取【草图 1】,单击【确定】按钮 ✓,完成扫描特征,如图 4-31 所示。

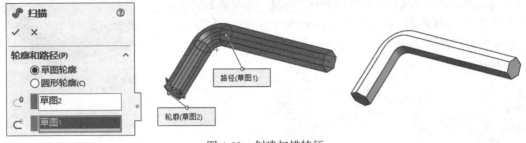

图 4-31　创建扫描特征

4.3.3　案例介绍和知识要点——扫描切除

【例 4-4】 创建图 4-32 所示的扫描切除特征。

视频 •······

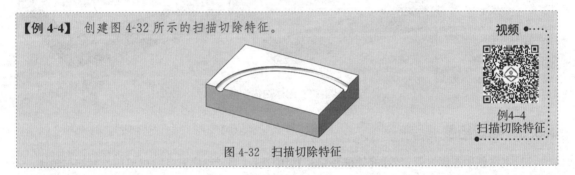

例4-4
扫描切除特征

图 4-32　扫描切除特征

4.3.4　操作步骤

步骤一:创建实体。

(1)单击【草图】工具栏中的【草图绘制】按钮 ▱,选取【上视基准面】进入草图环境,绘制长度为 150mm,宽度为 100mm 的草图轮廓,如图 4-33(a)所示,单击【确定】按钮 ✓,退出草图 1。

(2)单击【特征】工具栏中的【拉伸凸台/基体】按钮 ▣,弹出属性管理器,【深度】 ⬚ 中输入 "40.00mm",创建基础特征,如图 4-33(b)所示。

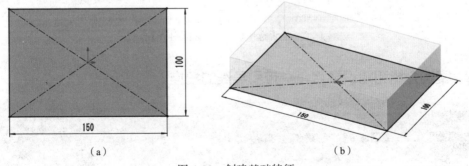

(a)　　　　　　　　　　　　(b)

图 4-33　创建基础特征

步骤二:绘制路径。

单击实体上表面作为草图基准面,进入草图环境,绘制扫描路径,尺寸自定,如图 4-34 所示。

步骤三： 创建扫描切除特征。

单击【特征】工具栏中的【扫描切除】按钮 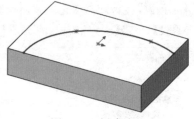，弹出【切除—扫描】属性管理器，在【轮廓和路径】组中选择【圆形轮廓】选项，路径 ⌒ 中选取【草图 2】，圆的直径 ⊘ 输入"10.00mm"；【选项】组中勾选【与结束端面对齐】复选框，单击【确定】按钮 ✓，完成扫描切除特征，如图 4-35 所示。

图 4-34　创建路径

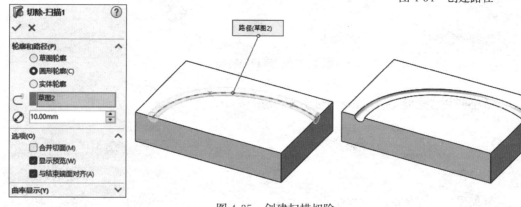

图 4-35　创建扫描切除

4.3.5　知识拓展

(1) 本案例中在属性管理器的【轮廓和路径】组中选择【圆形轮廓】选项，可不用绘制扫描轮廓。

(2) 在【选项】组中是否勾选【与结束端面对齐】复选框，所创建的扫描切除结果不同，如图 4-36 所示。

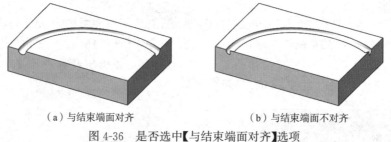

（a）与结束端面对齐　　　　　　（b）与结束端面不对齐

图 4-36　是否选中【与结束端面对齐】选项

4.3.6　案例介绍和知识要点——带引导线的扫描

● 视频

例4-5引导线
扫描特征

【例 4-5】 创建图 4-37 所示引导线扫描特征。

知识点：

(1) 扫描特征引导线的创建；

(2) 生成扫描路径、引导线、截面轮廓的顺序。

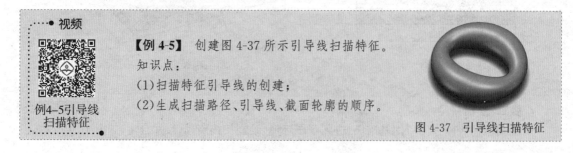

图 4-37　引导线扫描特征

4.3.7 操作步骤

步骤一:绘制路径。

单击【草图】工具栏中的【草图绘制】按钮 ▣,选取【上视基准面】进入草图环境。绘制直径为 130mm 的圆,单击【确定】按钮 ✓,退出草图 1,如图 4-38 所示。

步骤二:绘制引导线。

单击【草图】工具栏中的【草图绘制】按钮 ▣,选取【上视基准面】进入草图环境。绘制长轴为 84mm,短轴为 50mm 的椭圆,单击【确定】按钮 ✓,退出草图 3,如图 4-39 所示。

步骤三:绘制轮廓。

单击【草图】工具栏中的【草图绘制】按钮 ▣,选取【前视基准面】进入草图环境。绘制的圆与草图 1,草图 3 的轮廓端点添加重合约束。单击【确定】按钮 ✓,退出草图 4,如图 4-40 所示。

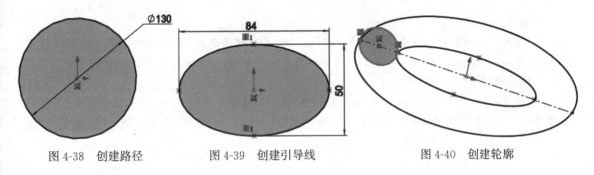

图 4-38 创建路径 图 4-39 创建引导线 图 4-40 创建轮廓

步骤四:创建引导线扫描凸台特征。

单击【特征】工具栏中的【扫描】按钮 ⌇,弹出【扫描】属性管理器,在【轮廓和路径】组中选择【草图轮廓】选项,轮廓 ⌒ 中选取【草图 4】,路径 ⌒ 中选取【草图 1】,【引导线】选择【草图 3】,单击【确定】按钮 ✓,完成引导线扫描凸台特征,如图 4-41 所示。

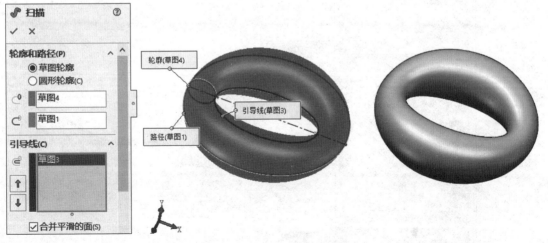

图 4-41 引导线扫描创建实体

4.3.8 案例介绍和知识要点——扭转扫描

视频

例4-6扭转
扫描特征

【例4-6】 创建图 4-42 所示扭转扫描特征。

知识点：

(1)扭转扫描特征命令；

(2)扭转扫描中截面轮廓与路径添加约束。

图 4-42 扭转扫描特征

4.3.9 操作步骤

步骤一:绘制路径。

单击【草图】工具栏中的【草图绘制】按钮，选取【上视基准面】进入草图环境。绘制曲线如图 4-43 所示,单击【确定】按钮，退出草图 1。

步骤二:绘制轮廓。

(1)单击【特征】工具栏中的【参考几何体】按钮，单击【基准面】按钮。弹出【基准面】属性管理器,【第一参考】中选取【草图 1 曲线】,单击【垂直】选项,【第二参考】中选取曲线端点,单击【重合】选项,创建与路径垂直的基准面 1,如图 4-44 所示。

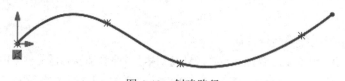

图 4-43 创建路径

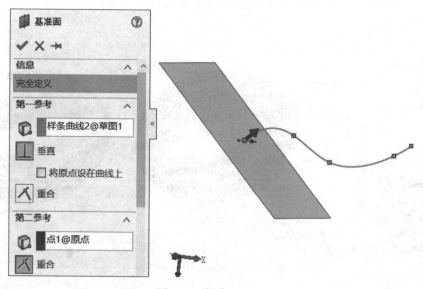

图 4-44 创建基准面

（2）选取基准面 1，创建草图 2，绘制两个同心圆，其直径分别为 30mm、15mm。用圆周阵列命令，创建与构造线圆相切的 8 个小圆，如图 4-45 所示。

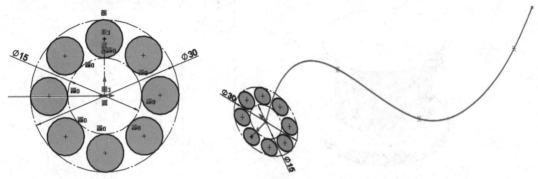

图 4-45 创建轮廓

步骤三：创建扭转扫描特征。

单击【特征】工具栏中的扫描 🖋 按钮。弹出【扫描】属性管理器，在【轮廓和路径】组中选择【草图轮廓】选项，轮廓 中选取【草图 2】，路径 中选取【草图 1】；【选项】组中【轮廓方位】选取【随路径变化】，【轮廓扭转】中选取【指定扭转值】，【扭转控制】中选取【圈数】、【方向 1】中输入 "3.00"，单击【确定】按钮 ✓，完成扭转扫描特征，如图 4-46 所示。

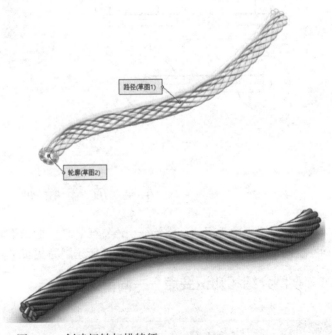

图 4-46 创建扭转扫描特征

 4.3.10 随堂练习

1. 用引导线扫描创建图 4-47 所示实体。
2. 用扫描特征创建图 4-48 所示实体。

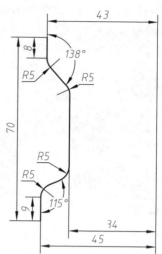

图 4-47 实体 1

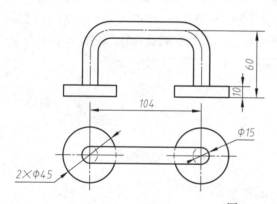

图 4-48 实体 2

4.4 放样特征

放样特征是建模中常用的一类特征。该特征是将一组二维轮廓或截面(至少两个截面),用过渡曲面在空间形成的连续特征。创建放样特征所绘制的截面应在不同的草绘平面。

4.4.1 案例介绍和知识要点——简单实体放样

● 视频

例4-7放样凸台

【例 4-7】 创建图 4-49 所示的放样特征实体。

知识点:

(1)放样凸台特征中截面的绘制;

(2)不同截面的选取位置。

图 4-49 放样凸台

4.4.2　操作步骤

步骤一：绘制正方形。

单击【草图】工具栏中的【草图绘制】按钮 ▱，选取【上视基准面】进入草图环境。绘制长度为 64mm 的正方形截面，如图 4-50 所示，单击【确定】按钮 ✓，退出草图 1。

步骤二：绘制圆。

（1）单击【特征】工具栏中的【参考几何体】按钮 ▨，单击【基准面】按钮 ▥。弹出【基准面】属性管理器，在【第一参考】中选取【上视基准面】，在【偏移距离】 ▧ 中输入"50.00mm"，创建与上视基准面平行的基准面 1，如图 4-51 所示。

（2）选取基准面 1，创建草图 2，绘制直径为 45mm 的圆，如图 4-52 所示。

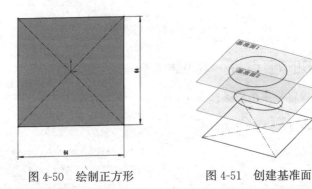

图 4-50　绘制正方形　　　　　图 4-51　创建基准面

步骤三：绘制椭圆。

（1）创建与上视基准面平行的基准面 2，其平行距离为 25mm，如图 4-51 所示。

（2）选取基准面 2，创建草图 3，绘制长轴为 40mm、短轴为 27mm 的椭圆，如图 4-53 所示。

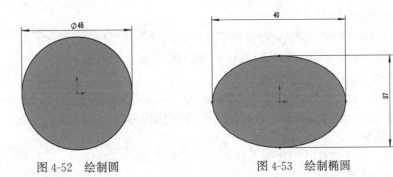

图 4-52　绘制圆　　　　　　　图 4-53　绘制椭圆

步骤四：创建放样实体特征。

单击【特征】工具栏中的【放样凸台/基体】按钮 ▧（或在下拉菜单中选择【插入】→【凸台/基体】→【放样】命令），弹出【放样】属性管理器。单击【轮廓】列表框，依次选取【草图 2】、【草图 3】、【草图 1】，单击【确定】按钮 ✓，完成放样凸台特征创建，如图 4-54 所示。

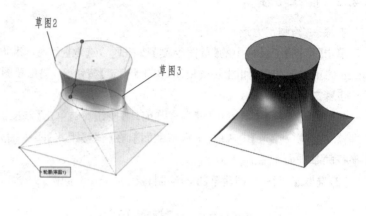

图 4-54　放样凸台效果

4.4.3　案例介绍和知识要点——中心线放样

中心线放样特征是指将一条引导线作为中心线进行放样的特征。

● 视频

例4-8
中心线放样

【例 4-8】　创建图 4-55 所示中心线放样特征。

知识点：

(1)中心线放样特征中中心线的绘制；

(2)中心线与截面的位置关系。

图 4-55　中心线放样

4.4.4　操作步骤

步骤一:绘制圆。

单击【草图】工具栏中的【草图绘制】按钮 🔲 ,选取【上视基准面】进入草图环境。绘制直径为100mm 的圆,如图 4-56 所示,单击【确定】按钮 ✓ ,退出草图 1。

步骤二:绘制圆。

(1)单击【特征】工具栏中的【参考几何体】按钮 ,单击【基准面】按钮 ,弹出【基准面】属性管理器。在【第一参考】中选取【上视基准面】,在【偏移距离】 中输入"70.00mm",创建与上视基准面平行的基准面 1,如图 4-57 所示。

(2)选取基准面 1,创建草图 2,绘制直径为 40mm 的圆,如图 4-58 所示。

步骤三:绘制中心线。

在前视基准面绘制半径为 50mm 的圆弧,其上下两个端点与草图 1 和草图 2 中的圆心重合。单击【确定】按钮 ✓ ,退出草图 3,如图 4-59 所示。

步骤四:创建中心线放样特征。

单击【特征】工具栏中的【放样凸台/基体】按钮 🌢 (或在下拉菜单中选择【插入】→【凸台/基体】→【放样】命令),弹出【放样】属性管理器。单击【轮廓】列表框,依次选择【草图 1】、【草图 2】,单击【中心线参数】列表框,选取【草图 3】,单击【确定】按钮 ✓ ,完成中心线放样特征,如图 4-60 所示。

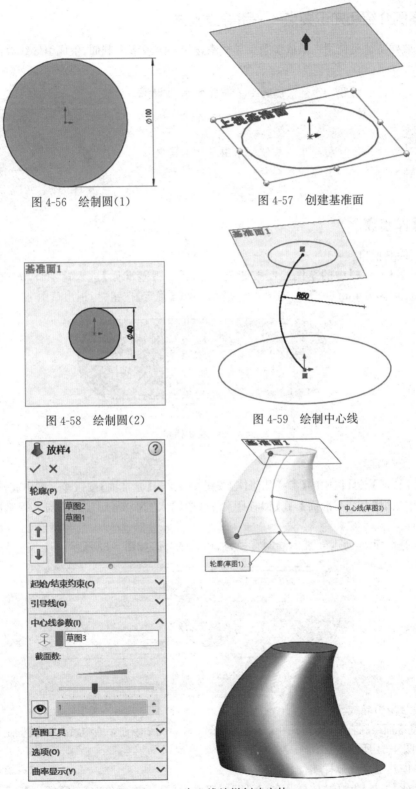

图 4-56　绘制圆(1)

图 4-57　创建基准面

图 4-58　绘制圆(2)

图 4-59　绘制中心线

图 4-60　中心线放样创建实体

4.4.5 案例介绍和知识要点——引导线放样

引导线放样特征是使用一条或多条引导线来连接两个或多个截面,生成引导线放样特征。

●视频

例4-9
引导线放样

【**例 4-9**】 创建图 4-61 所示引导线放样
特征。

知识点:

(1)引导线放样特征中引导线的绘制;

(2)引导线放样特征中截面的绘制。

图 4-61 引导线放样

4.4.6 操作步骤

步骤一:绘制槽口。

单击【草图】工具栏中的草图绘制按钮 ,选取【上视基准面】进入草图环境。绘制半径为
18mm、圆心距离为 80mm 的槽口,如图 4-62 所示,单击【确定】按钮 ,退出草图 1。

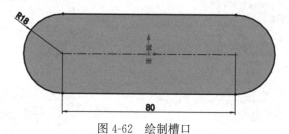

图 4-62 绘制槽口

步骤二:绘制圆。

(1)单击【特征】工具栏中的【参考几何体】按钮 ,单击【基准面】按钮 。弹出属性管理器,在
【第一参考】中选取【上视基准面】,在【偏移距离】 中输入“70.00mm”,创建与上视基准面平行的
基准面 1。

(2)选取基准面 1,创建草图 2,绘制直径为 30mm 的圆,如图 4-63 所示。

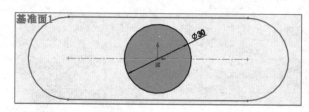

图 4-63 绘制圆

步骤三:绘制引导线。

在前视基准面绘制直线,其上下两个端点与草图 1 和草图 2 添加穿透约束。单击【确定】按钮 ,退
出草图 3,如图 4-64 所示。

步骤四:创建引导线放样实体特征。

单击【特征】工具栏中的“放样凸台/基体”按钮 (或在下拉菜单中选择【插入】→【凸台/基体】

→【放样】命令),弹出【放样】属性管理器。单击【轮廓】列表框,依次选择【草图 1】、【草图 2】,单击【引导线】列表框,选择【草图 3】,单击【确定】按钮 ✓,完成引导线放样特征的创建,如图 4-65 所示。

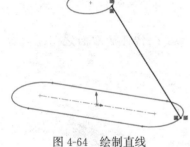

图 4-64　绘制直线

图 4-65　引导线放样创建实体

4.4.7　案例介绍和知识要点——放样切除

放样特征可以创建凸台实体,也可切槽。

【例 4-10】　创建图 4-66 所示放样切除特征。

知识点:

(1)引导线草图与截面草图的几何约束;

(2)引导线与截面的绘制。

图 4-66　放样切除特征

视频 ●

例4-10
放样切除特征

4.4.8　操作步骤

步骤一:创建基础特征。

(1)单击【草图】工具栏中的【草图绘制】按钮 ▭,选取【上视基准面】进入草图环境。绘制长度为 120mm 的正方形截面,如图 4-67 所示,单击【确定】按钮 ✓,退出草图 1。

(2)单击【特征】工具栏中的【拉伸凸台/基体】按钮 📦,弹出【凸台－拉伸】属性管理器,【深度】 ⬧ 输入"40.00mm",创建基础特征,如图 4-68 所示。

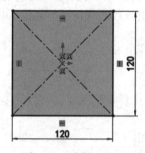

图 4-67　绘制正方形

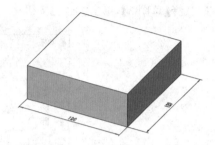

图 4-68　创建基础特征

步骤二:绘制草图 2。

选取基础特征前端面绘制草图,半圆半径为 10mm,圆心与左端面之间的距离为 20mm,如图 4-69 所示。

步骤三:绘制草图 3。

选取基础特征右端面,绘制半圆。其半径为 16mm,圆心与基础特征后端面之间距离为 34mm,如图 4-70 所示。

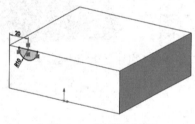

图 4-69　绘制草图 2

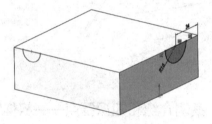

图 4-70　绘制草图 3

步骤四:绘制引导线。

在基础特征上表面绘制如图 4-71 所示两条引导线。两个圆角半径分别为 34mm、14mm,圆角与直线添加相切约束,引导线的端点与半圆端点重合。

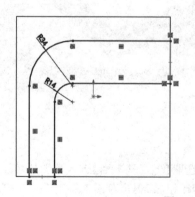

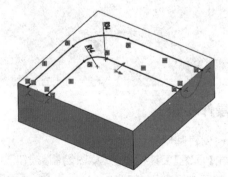

图 4-71　绘制引导线

步骤五：创建放样切除特征。

单击【特征】工具栏中的"放样切割"按钮 （或下拉菜单中选择【插入】→【切除】→【放样切除】命令）。弹出【切除－放样】属性管理器，单击【轮廓】列表框，依次选择【草图 2】、【草图 3】，在【引导线】列表框中依次选择【引导线 1】和【引导线 2】，单击【确定】按钮 ✓，完成放样切除特征的创建，如图 4-72 所示。

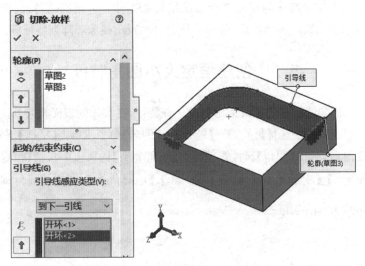

图 4-72　引导线放样切除创建实体

4.4.9　随堂练习

用放样特征创建图 4-73 所示实体。

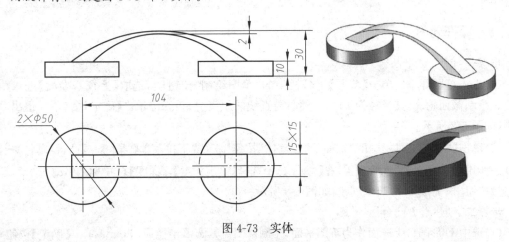

图 4-73　实体

第5章　实体编辑工具

实体编辑工具是在基础特征创建后进行二次编辑的操作。包括圆角特征、倒角特征、拔模特征、孔特征、筋特征、抽壳特征、圆顶特征、包覆特征、自由特征、镜像和阵列特征等。

视频

恒定大小
圆角特征

5.1　创建恒定大小圆角特征

圆角特征是建模时常用到的一种特征,在实体的表面相交处生成圆角特征。

在菜单栏选择【插入】→【特征】→【倒角】命令或单击【特征】工具栏中的【倒角】按钮 ,弹出【圆角】属性管理器。【圆角类型】选项组中包括【恒定大小圆角(等半径) 】、【变量大小圆角(变半径) 】、【面圆角 】→【完整圆角 】等。

5.1.1　案例介绍和知识要点

【例5-1】　创建图5-1所示实体的圆角特征。

知识点:

(1)恒定大小圆角的创建;

(2)圆角属性管理器。

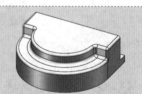

图5-1　恒定大小圆角特征

5.1.2　操作步骤

步骤一:创建U形凸台。

(1)进入草图环境。单击【草图】工具栏中的"草图绘制"按钮 ,选取【上视基准面】进入草图环境。绘制截面轮廓,其半径为40mm,圆心与直线的距离为30mm,单击【确定】按钮 ,退出草图绘制,如图5-2所示。

(2)单击【特征】工具栏中的"拉伸凸台/基体"按钮 (或下拉菜单【插入】→【凸台/基体】→【拉伸】)。弹出【拉伸凸台】属性管理器,在【方向1】中选择【给定深度】,【深度】 中输入"18.00mm",单击【确定】按钮 ,完成U形凸台创建,如图5-3所示。

步骤二:创建上方凸台。

(1)选中U形凸台上表面作为草图平面,绘制草图。其圆弧半径为28mm,单击【确定】按钮 ,退出草图绘制,如图5-4所示。

(2)单击【特征】工具栏中的"拉伸凸台/基体"按钮 。弹出【拉伸凸台】属性管理器,【方向1】中选择【给定深度】,【深度】 中输入"10.00mm",单击【确定】按钮 ,完成上方凸台的创建,如图5-5所示。

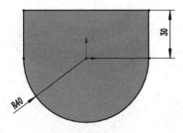

图 5-2　绘制草图

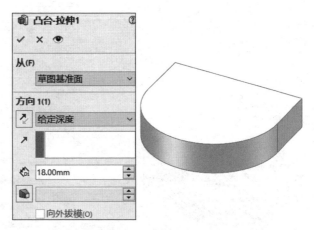

图 5-3　创建 U 形凸台

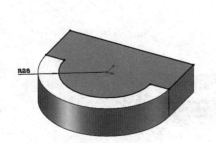

图 5-4　绘制草图

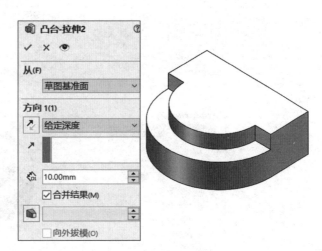

图 5-5　创建上方凸台

步骤三：切槽。

（1）选取形体前端面作为草图平面，绘制草图。矩形长度尺寸为 8mm，高度尺寸为 22mm，单击【确定】按钮 ✓，退出草图绘制，如图 5-6 所示。

（2）单击【特征】工具栏中的【拉伸切除】按钮 ▣。弹出【拉伸切除】属性管理器，在【方向 1】中选择【给定深度】，【深度】 ⬧ 中输入"80.00mm"，单击【确定】按钮 ✓，完成切槽，如图 5-7 所示。

步骤四：创建恒定半径圆角特征。

（1）单击【特征】工具栏中的【圆角】按钮 🕮（或在下拉菜单中选择【插入】→【特征】→【圆角】命令），弹出【圆角】属性管理器。在【圆角类型】中选择"恒定圆角"按钮 🕮，【圆角化的项目】🕮 选取形体边线，【圆角参数】中半径值 ⬧ 输入"3.00mm"，单击【确定】按钮 ✓，完成圆角特征，如图 5-8 所示。

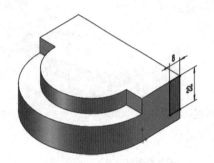

图 5-6　绘制草图

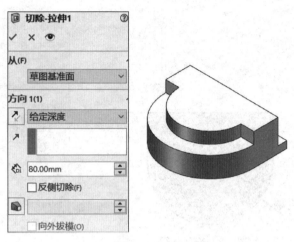

图 5-7　切槽

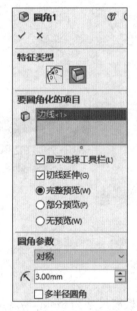

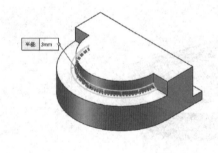

图 5-8　恒定半径圆角 3mm 特征

（2）重复上述步骤，选取边线，创建半径为 2mm 的圆角，如图 5-9 所示。

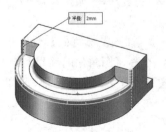 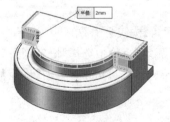 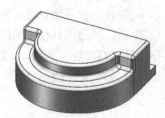

图 5-9　恒定半径圆角 2mm 特征

5.2　创建变半径圆角特征

实体每条交线可通过多个控制点生成不同半径的圆角。

5.2.1　案例介绍及知识要点

【例 5-2】　创建图 5-10 所示实体的变半径圆角特征。

知识点：

(1)变半径圆角的创建；

(2)变半径圆角控制点的设置；

(3)变半径参数设置。

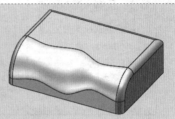

图 5-10　变半径圆角特征

5.2.2　操作步骤

步骤一：创建长方体。

(1)单击【草图】工具栏中的"草图绘制"按钮 ⬚ ，选取【上视基准面】进入草图环境。绘制长度为 100mm、宽度为 70mm 的矩形，如图 5-11 所示。

(2)单击【特征】工具栏中的"拉伸凸台基体"按钮 🪨 。弹出【拉伸凸台】属性管理器，在【方向 1】中选择【给定深度】，【深度】⬚ 中输入"30.00mm"，单击【确定】按钮 ✓，完成长方体的创建，如图 5-12 所示。

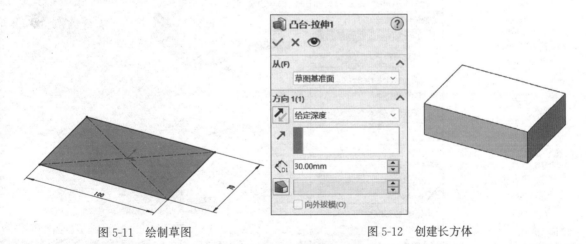

图 5-11　绘制草图　　　　　　　　图 5-12　创建长方体

步骤二：创建变半径圆角。

(1)单击【特征】工具栏中【圆角】按钮 ⬚ ，弹出【圆角属性】管理器，如图 5-13 所示。单击【变量大小圆角】按钮 ⬚ 。选取图中一条边线，在【轮廓】中输入控制点数量"3"，在【变半径参数】中输入端点(V1、V2)，圆角半径分别为"25mm、20mm"，控制点(P1、P2、P3)的圆角半径为"20mm、25mm、15mm"，单击【确定】按钮 ✓，实体生成变半径圆角，如图 5-14 所示。

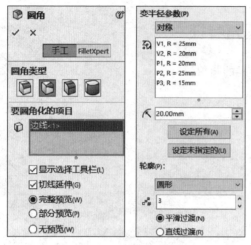

图 5-13　圆角属性管理器

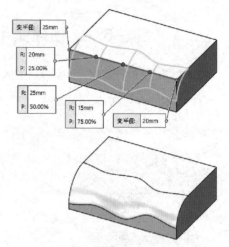

图 5-14　创建变半径圆角特征

步骤三:创建恒定半径圆角。

单击【特征】工具栏中的"圆角"按钮 。弹出【圆角】管理器,在【圆角类型】中单击【恒定圆角】按钮 ,【要圆角化的项目】中,选取实体边线,【圆角参数】中半径值 输入"5.00mm"。单击【确定】按钮 ,完成恒定圆角特征,如图 5-15 所示。

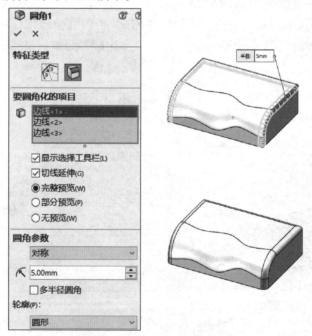

图 5-15　实体创建圆角特征

5.2.3　知识拓展

1. 面圆角特征

实体中非平行的两个面之间生成圆角。单击特征工具栏中【圆角】按钮 ,弹出【圆角】属性管理器,如图 5-16 所示。单击【面圆角】按钮 ,在【要圆角化的项目】中选取面 1 和面 2,【圆角参数】中半径输入"30.00mm",单击【确定】按钮 ,生成面圆角特征。

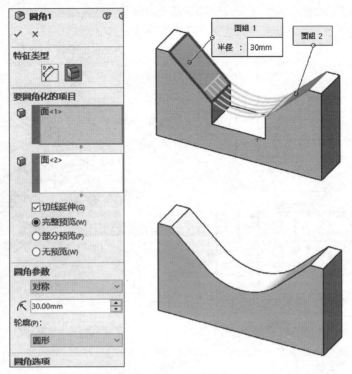

图 5-16　面圆角特征

2. 完整圆角特征

生成的圆角相切于实体的三个相邻面组(一个或多个面相切)。

单击特征工具栏中【圆角】按钮 ,弹出【圆角】属性管理器,单击【完整圆角】按钮 ,在【要圆角化的项目】中选取面 1、面 2、面 3,单击【确定】按钮 ,生成完整圆角特征,如图 5-17 所示。

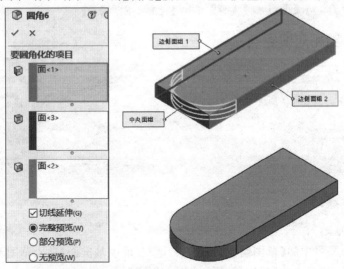

图 5-17　完整圆角特征

5.2.4　随堂练习

(1)如图 5-18 所示,建立模型并创建恒定半径圆角特征。

(2)如图 5-19 所示,建立模型并创建变半径圆角特征。

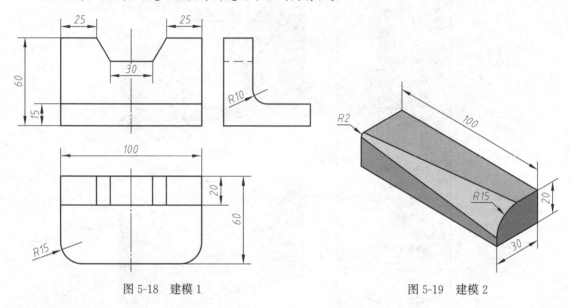

图 5-18　建模 1

图 5-19　建模 2

5.3　创建倒角特征

■ 视频

倒角特征

倒角特征是对实体边进行倒角处理。

在菜单栏中单击【插入】→【特征】→【倒角】命令或单击【特征】工具栏中的倒角按钮 ,弹出【倒角】属性管理器。【倒角类型】选项组中包括【角度距离 】、【距离距离 】、【顶点 】、【等距面 】、【面—面 】等。

5.3.1　案例介绍和知识要点

【例 5-3】　创建图 5-20 所示实体的倒角特征。

知识点:

不同类型倒角特征创建。

图 5-20　倒角特征

5.3.2　操作步骤

步骤一:绘制草图。

单击【草图】工具栏中的【草图绘制】按钮 ,选取【前视基准面】进入草图环境。绘制截面如图 5-21 所示,绘制完成后单击【确定】按钮 ,退出草图环境。

步骤二:创建实体。

单击【特征】工具栏中的【旋转凸台/基体】按钮 ❷。弹出【旋转凸台】属性管理器,在【基准轴】 ✓ 选项中,选取草图中的水平中心线,单击【确定】按钮 ✓,完成旋转凸台/基体特征的创建,如图 5-22 所示。

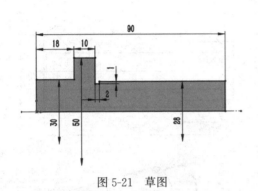

图 5-21　草图　　　　　　　　　　　　　　　　图 5-22　创建旋转实体

步骤三:创建倒角。

单击【特征】工具栏中的倒角按钮 ❷(或下拉菜单【插入】→【特征】→【倒角】)。弹出【倒角】属性管理器,在【倒角类型】中选择【角度距离】 ▨,在【要倒角化的项目】中选取图中两个边线,【倒角参数】的【距离】 ▨ 输入"2.00mm",【角度】 ▨ 输入"45.00 度",单击【确定】按钮 ✓,完成倒角特征创建,如图 5-23 所示。

5.3.3　知识拓展

顶点倒角是在所选顶点处输入 3 个距离值,创建倒角,如图 5-24 所示。

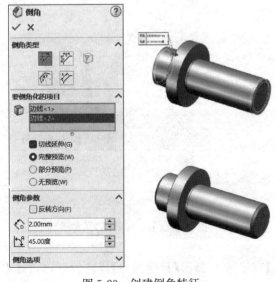

图 5-23　创建倒角特征　　　　　　　　　　　图 5-24　顶点倒角的效果

5.3.4 随堂练习

（1）如图5-25所示，建立模型并创建倒角特征。

（2）如图5-26所示，建立模型并创建倒角特征。

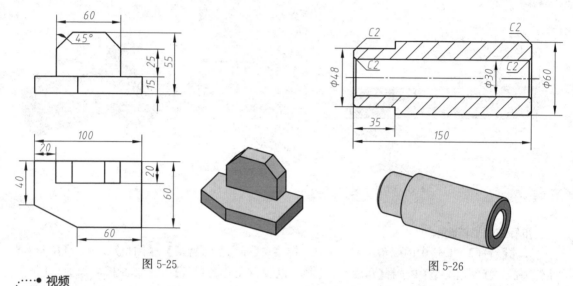

图5-25

图5-26

视频

拔模特征

5.4 创建拔模特征

拔模特征是实体便于起模，一般沿起模方向做成一定斜度，经常用于铸造零件。

5.4.1 案例介绍及知识要点

【例5-4】 创建图5-27所示实体的拔模特征。

知识点：

（1）不同类型拔模特征的创建；

（2）拔模面的选取。

图5-27 拔模特征

5.4.2 操作步骤

步骤一：创建圆柱。

（1）单击【草图】工具栏中的【草图绘制】按钮 ，选取【上视基准面】进入草图环境，绘制直径为"150.00mm"的圆。

（2）单击【特征】工具栏中的【拉伸凸台/基体】按钮 。弹出【拉伸凸台】属性管理器，在【方向1】中选择【给定深度】，【深度】 输入"20.00mm"，单击【确定】按钮 ，创建圆柱，如图5-28所示。

步骤二：创建基准平面。

(1)创建基准平面。单击【特征】工具栏,单击【参考几何体】按钮 ,选中基准平面 ,弹出属性管理器,【第一参考】选取上视基准面,【偏移距离】 输入"160.00mm",单击【确定】按钮 ,创建基准平面,如图 5-29 所示。

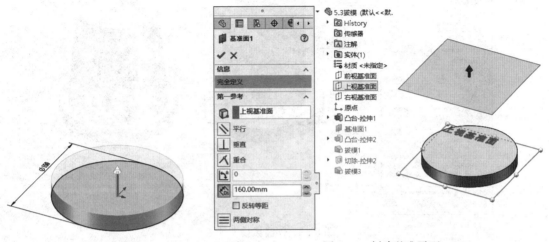

图 5-28　创建圆柱　　　　　　　　　　　　图 5-29　创建基准平面

(2)新建基准面作为草图平面,绘制直径为 110mm 的圆。单击【特征】工具栏中的【拉伸凸台/基体】按钮 ,弹出【拉伸凸台】属性管理器,【方向 1】选择【成行到下一面】,单击【确定】按钮 ,创建圆柱,如图 5-30 所示。

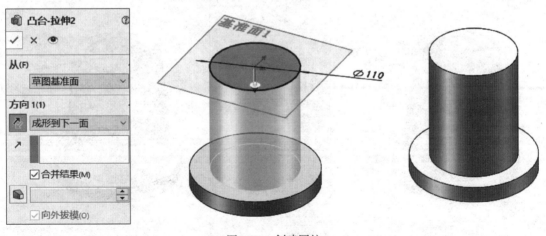

图 5-30　创建圆柱

步骤三：创建拔模特征。

单击【特征】工具栏中的拔模按钮 (或下拉菜单【插入】→【特征】→【拔模】)。弹出【拔模】属性管理器,【拔模类型】默认【中性面】,【拔模角度】 输入"5.00 度",【中性面】选取圆柱上表面,【拔模面】选取圆柱外表面。单击【确定】按钮 ,完成拔模特征的创建,如图 5-31 所示。

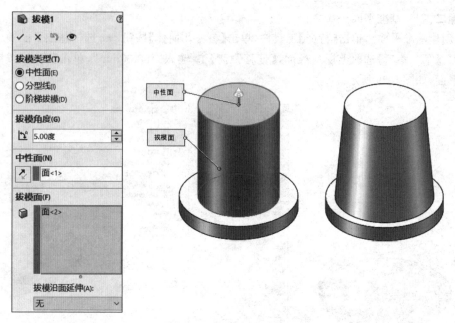

图 5-31 创建拔模特征

步骤四:创建圆孔。

(1)圆锥台上表面作为草图平面,绘制直径为 84mm 的圆。

(2)单击【特征】工具栏中的【拉伸切除】按钮 ⬛,弹出【拉伸切除】属性管理器,【方向 1】选中【成行到下一面】,单击【确定】按钮 ✓,创建圆柱孔,如图 5-32 所示。

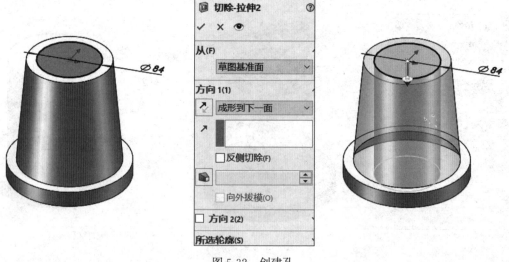

图 5-32 创建孔

步骤五:创建孔的拔模特征。

单击工具栏中的【拔模】按钮 🔲(或下拉菜单【插入】→【特征】→【拔模】)。弹出【拔模】属性管理器,【拔模类型】默认【中性面】,【拔模角度】⬠ 输入为"5.00 度",【中性面】选取空心圆柱上表面,【拔模面】选取圆柱孔内表面。单击【确定】按钮 ✓,创建孔的拔模特征,如图 5-33 所示。

图 5-33　孔的拔模

5.4.3　知识拓展

1. 分型线拔模

【拔模类型】中【分型线拔模】是对分型线周围的面进行拔模。需要注意的是先在草图中绘制分型线，执行分割线命令（在下拉菜单中选择【插入】→【曲线】→【分割线】命令），如图 5-34 所示，再创建分型线拔模特征，如图 5-35 所示。

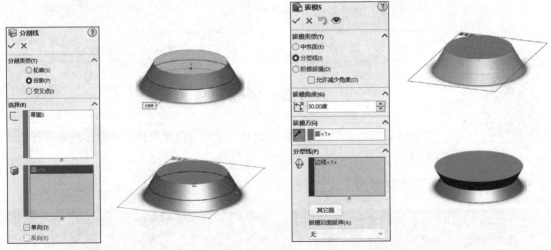

图 5-34　创建分割线　　　　　　图 5-35　分型线拔模特征创建实体

2. 阶梯拔模

阶梯拔模的分型线可不在同一平面内。创建阶梯拔模特征如图 5-36 所示。选中【锥形阶梯】的效果如图 5-37 所示，选中【垂直阶梯】的效果如图 5-38 所示。

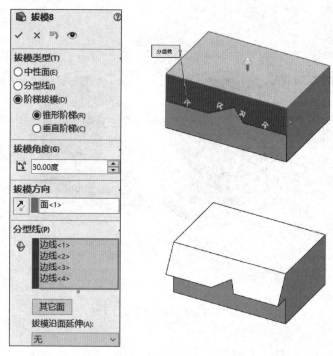

图 5-36　阶梯拔模创建实体

图 5-37　锥形阶梯

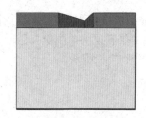

图 5-38　垂直阶梯

视频

简单直孔

5.5　创建简单直孔

　　孔特征是实体上生成各种类型的孔。主要有简单直孔和异型孔向导两种创建孔的工具。

5.5.1　案例介绍及知识要点

【例 5-5】　创建图 5-39 所示实体的简单直孔特征。

知识点：

(1)创建简单直孔；

(2)简单直孔定位。

图 5-39　简单直孔

5.5.2 操作步骤

步骤一：创建底板。

（1）单击【草图】工具栏中的【草图绘制】按钮 ，选取【上视基准面】，进入草图环境。绘制如图 5-40（a）所示图形。

（2）单击【特征】工具栏中的【拉伸凸台/基体】按钮 ，弹出【拉伸凸台】属性管理器，【方向 1】选择【给定深度】，【深度】 输入"10.00mm"，单击【确定】按钮 ，完成底板创建，如图 5-40（b）所示。

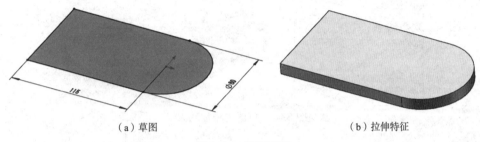

（a）草图　　　　　　　　　　　　　　　（b）拉伸特征

图 5-40　创建底板

步骤二：创建圆角

单击【圆角】按钮，弹出圆角属性管理器。【圆角类型】选择【恒定大小圆角】、【项目化的圆角】选取图中两条边线，输入半径"10.00mm"。单击【确定】按钮 ，完成圆角特征。如图 5-41 所示。

步骤三：创建简单直孔

单击【特征】工具栏中的【简单直孔】按钮 （或在下拉菜单中选择【插入】→【特征】→【简单直孔】命令）。单击底板上表面，【深度】 输入"10.00mm"，【直径】 输入"50.00"。单击【确定】按钮 ，创建简单直孔特征，如图 5-42 所示。

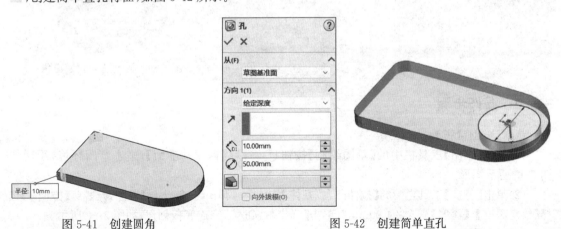

图 5-41　创建圆角　　　　　　　　　　图 5-42　创建简单直孔

步骤四：添加约束

设计树中单击生成的简单直孔特征，右键单击其草图，添加圆与圆弧【同心】约束。确定孔的位置，如图 5-43 所示。

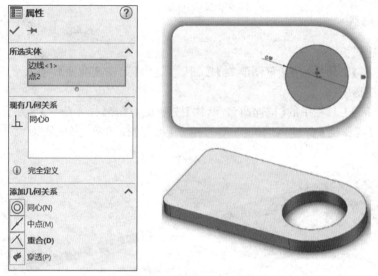

图 5-43　草图中添加约束

5.6　异型孔向导

异型孔向导用于创建各种类型的孔。

5.6.1　案例介绍和知识要点

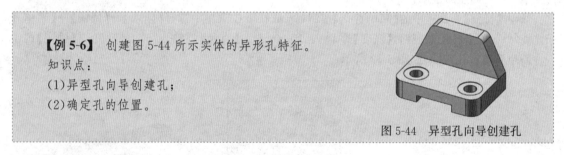

【例 5-6】　创建图 5-44 所示实体的异形孔特征。

知识点：

(1)异型孔向导创建孔；

(2)确定孔的位置。

图 5-44　异型孔向导创建孔

5.6.2　操作步骤

步骤一：创建底板。

(1)单击【草图】工具栏中的【草图绘制】按钮 ⬚ ,选取【前视基准面】,进入草图环境,绘制如图 5-45 所示图形。

(2)单击【特征】工具栏中的【拉伸凸台/基体】按钮 ⬚ ,弹出【拉伸凸台】属性管理器,【方向1】选择【给定深度】,【深度】输入"84.00mm",单击【确定】按钮 ✓ ,完成底板创建,如图 5-46 所示。

步骤二：创建立板。

(1)选取底板后端面,作为草图平面,绘制如图 5-47 所示图形,单击【确定】按钮 ✓ ,退出草图绘制。

(2)单击【特征】工具栏中的【拉伸凸台/基体】按钮 ⬚ ,弹出【拉伸凸台】属性管理器,【方向1】选择【给定深度】输入"20.00mm",单击【确定】按钮 ✓ ,完成立板的创建,如图 5-48 所示。

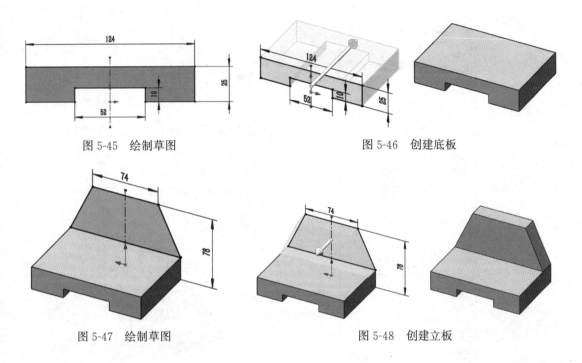

图 5-45　绘制草图　　　　　　　　　　　　图 5-46　创建底板

图 5-47　绘制草图　　　　　　　　　　　　图 5-48　创建立板

步骤三：创建圆角。

(1)单击【特征】工具栏中的【圆角】按钮 ◎ 。弹出【圆角】属性管理器,【圆角类型】选择【恒定大小圆角】、【项目化的圆角】选取图中两条边线,输入半径"10.00mm"。单击【确定】按钮 ✓ ,完成圆角特征。

(2)单击【特征】工具栏中的【圆角】按钮 ◎ 。弹出【圆角】属性管理器,【圆角类型】选择【恒定大小圆角】、【项目化的圆角】选取图中两条边线,输入半径"15.00mm"。单击【确定】按钮 ✓ ,完成圆角特征,如图 5-49 所示。

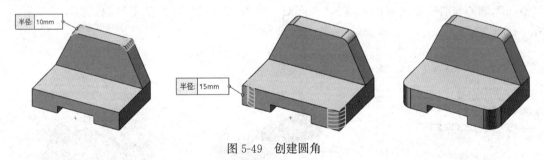

图 5-49　创建圆角

步骤四：用异型孔向导创建沉头孔。

(1)单击【特征】工具栏中的【异型孔向导】按钮 ◎ (或在下拉菜单中选择【插入】→【特征】→【异型孔】命令)。弹出【孔规格】属性管理器,类型选项中【孔类型】选择【柱形沉头孔】 ▣ ,【标准】选择【GB】,【类型】选择【六角头螺栓 C 级】,【孔规格大小】选择【M16】,【终止条件】选择【完全贯穿】,如图 5-50 所示。

(2)确定孔的位置。单击【孔规格】属性管理器【位置】选项卡 ⬚ 位置 ,单击 3D 草图,在底板的上表面单击两个点为孔的圆心,单击【确定】按钮 ✓ ,如图 5-51 所示。

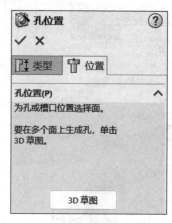

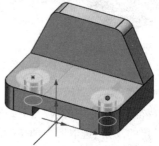

图 5-50　属性管理器设置　　　　　图 5-51　确定孔的位置

（3）完全定义草图。在设计树中单击打孔尺寸前面黑色三角，单击 3D 草图 1，单击【编辑草图】按钮，单击【标注尺寸】按钮，在图中标注圆心至左端面尺寸为"21mm"，两个圆心之间的距离为"82mm"，圆心与前端面之间的距离为"22mm"。单击 3D 草图，退出草图绘制。创建沉头孔，如图 5-52 所示。

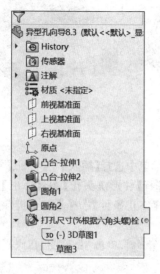

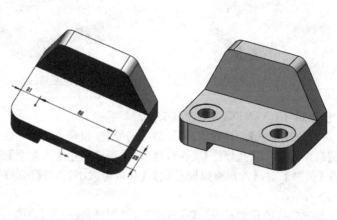

图 5-52　异型孔向导创建沉头孔

5.7　创建筋特征

视频

筋特征

筋(加强筋)特征在零件中起到支撑的作用。在创建筋(加强筋)特征时,绘制的截面是开放的,不需要封闭。

5.7.1　案例介绍和知识要点

【例5-7】创建图5-53所示实体的筋特征。

知识点:

(1)筋特征的创建;

(2)筋特征拉伸方向。

图5-53　筋特征

5.7.2　操作步骤

步骤一:创建长方体底板。

(1)单击【草图】工具栏中的【草图绘制】按钮 ▢ ,选取【前视基准面】,绘制长为100mm,高为15mm 的矩形。

(2)单击【特征】工具栏中的【拉伸凸台/基体】按钮 ▧ ,弹出【拉伸凸台】属性管理器,【方向1】选择【给定深度】输入"60mm",单击【确定】按扭 ✓ ,完成底板的创建,如图5-54 所示。

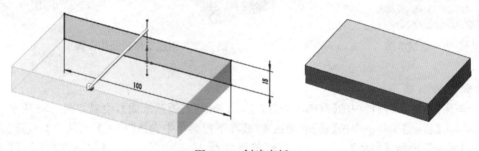

图5-54　创建底板

步骤二:创建空心圆柱。

(1)单击【草图】工具栏中的【草图绘制】按钮 ▢ ,选取【前视基准面】,绘制草图。分别绘制直径为50mm 和28mm 的两个同心圆。其圆心至底板下底面尺寸为80mm。

(2)单击【特征】工具栏中的【拉伸凸台/基体】按钮 ▧ ,弹出【拉伸凸台】属性管理器,【方向1】选择【给定深度】,输入"45mm",单击【确定】按钮 ✓ 。完成空心圆柱的创建,如图5-55 所示。

步骤三:创建支撑板。

(1)单击【草图】工具栏中的【草图绘制】按钮 ▢ ,选取【前视基准面】,绘制草图。绘制如图5-56 所示草图。

(2)单击【特征】工具栏中的【拉伸凸台/基体】按钮 ▧ ,弹出属性管理器,【方向1】选择【给定深度】,输入"15mm",单击【确定】按钮 ✓ ,创建支撑板。

(3)单击【特征】工具栏中的【圆角】按钮 ▧ ,选取图中边线创建圆角,其半径为15mm,如

图 5-57 所示。

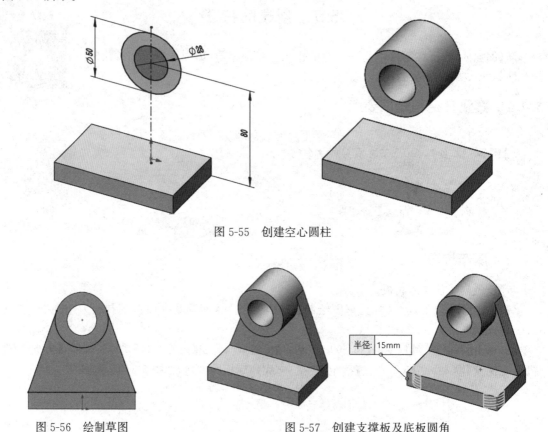

图 5-55　创建空心圆柱

图 5-56　绘制草图　　　　　　　　图 5-57　创建支撑板及底板圆角

步骤四：创建筋。

(1)单击【草图】工具栏中的【草图绘制】按钮◻,选取【右视基准面】,绘制如图 5-58 所示草图。

(2)单击【特征】工具栏中的【筋】的按钮◢(或在下拉菜单中选择【插入】→【特征】→【筋】命令)。弹出【筋】属性管理器、【厚度】选择【两侧】☰,筋厚度⟨ 输入"10.00mm",【拉伸方向】选择【平行于草图】◈,勾选【反转材料方向】复选框,单击【确定】按钮✓,创建筋特征,如图 5-59 所示。

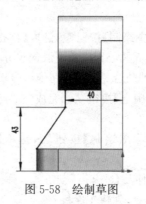

图 5-58　绘制草图

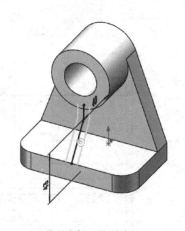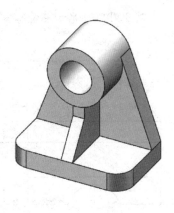

图 5-59　创建筋特征

5.7.3　知识拓展

创建筋的【类型】有两个选项,【自然】和【线性】,选择类型不同时所创建的筋不同,如图 5-60 所示。

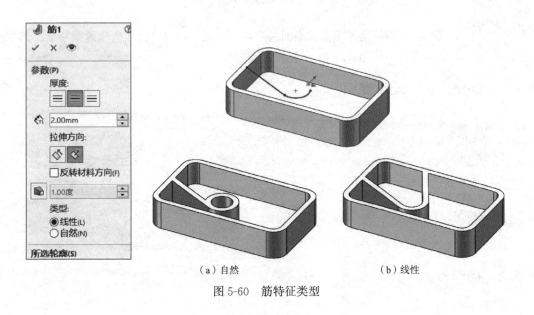

（a）自然　　　　　　　　　（b）线性

图 5-60　筋特征类型

5.7.4 随堂练习

1. 创建图 5-61 所示筋特征。   2. 创建图 5-62 所示筋特征。

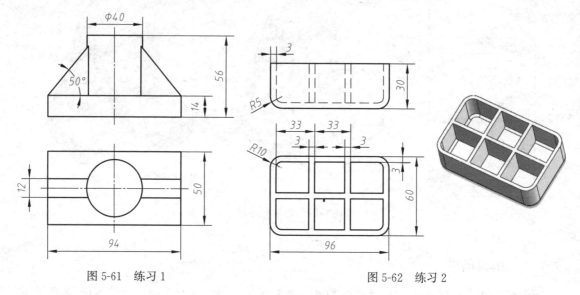

图 5-61 练习 1   图 5-62 练习 2

视频

抽壳特征

5.8 创建抽壳特征

抽壳特征是移除实体表面一个或多个面,将内部掏空,生成薄壁特征。其生成的壁厚可不均匀。

5.8.1 案例介绍和知识要点

【例 5-8】 创建图 5-63 所示实体的抽壳特征。

知识点:

(1)创建抽壳特征;

(2)抽壳方向;

(3)抽壳所选的面。

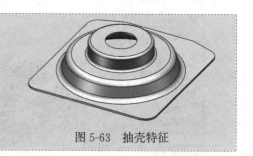

图 5-63 抽壳特征

5.8.2 操作步骤

步骤一:创建底板。

(1)单击【草图】工具栏中的【草图绘制】按钮 ,选取【上视基准面】,绘制如图 5-64(a)所示草图。

(2)单击【特征】工具栏中的【拉伸凸台/基体】按钮 ,弹出【拉伸凸台】属性管理器,【方向1】选择【给定深度】,输入"1.5mm",单击【确定】按钮 ,完成底板创建,如图 5-64(b)所示。

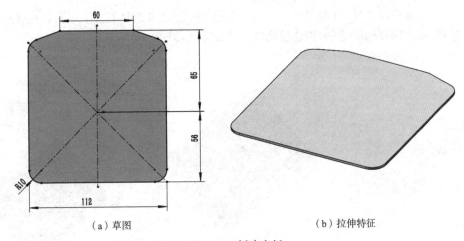

（a）草图　　　　　　　　　　　　　　　　（b）拉伸特征

图 5-64　创建底板

步骤二：创建凸台。

（1）单击【草图】工具栏中的【草图绘制】按钮 ▢ ，选取【前视基准面】，绘制如图 5-65 所示草图。

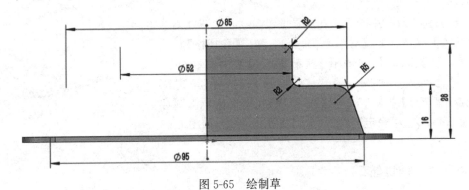

图 5-65　绘制草

（2）单击【特征】工具栏中的【旋转凸台/基体】按钮 ◉ 。弹出【旋转凸台/基体】属性管理器，激活旋转轴，选取草图中的竖直中心线，其他选项默认，单击【确定】按钮 ✓ ，退出【旋转凸台/基体】特征。

（3）单击【特征】工具栏中的【圆角】按钮 ◉ ，输入半径为"4.500mm"。创建的实体如图 5-66 所示。

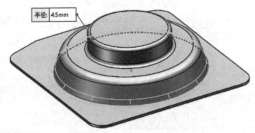

图 5-66　创建凸台及圆角

步骤三：创建抽壳。

单击【特征】工具栏中的抽壳按钮 ◉ （或在下拉菜单中选择【插入】→【特征】→【抽壳】命令）。

弹出【抽壳】属性管理器,【厚度】⬧输入"1.50mm",【移除的面】◻选择底板下底面,勾选【反转材料方向】复选框,单击【确定】按钮✓,创建抽壳特征,如图 5-67 所示。

图 5-67　创建抽壳效果

步骤四:创建孔。

单击【特征】工具栏中的异型孔向导按钮◻(或在下拉菜单中选择【插入】→【特征】→【异型孔】命令)。弹出【孔规格】属性管理器,【类型】选择【简单直孔】,【截面尺寸】中直径输入"25.00mm",深度输入"28.00mm",【终止条件】选择【给定深度】。切换至【位置】选项卡,单击【3D草图】在图形区单击圆柱体上表面圆心,单击【确定】按钮✓,完成孔的创建,如图 5-68 所示。

图 5-68　创建孔

 5.8.3　随堂练习

(1)创建图 5-69 所示抽壳特征。

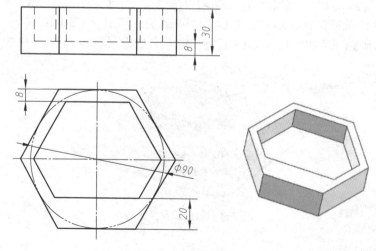

图 5-69　抽壳特征 1

(2)创建图 5-70 所示抽壳特征。

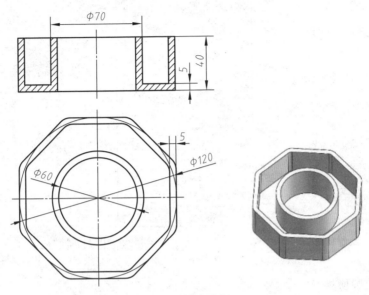

图 5-70　抽壳特征 2

5.9　创建圆顶特征

圆顶特征是对模型的一个面进行变形操作,生成圆顶型突起效果。

5.9.1　案例介绍和知识要点

【例 5-9】　创建图 5-71 所示实体的圆顶特征。

知识点:

圆顶特征创建。

图 5-71　圆顶特征

5.9.2　操作步骤

步骤一:创建圆锥。

(1)单击【草图】工具栏中的【草图绘制】按钮 □,选取【上视基准面】,绘制草图,圆的直径为74mm,如图 5-72 所示。

(2)单击【特征】工具栏中的【拉伸凸台/基体】按钮 ,弹出【拉伸凸台】属性管理器,在【方向 1】→【给定深度】中输入“83.00mm”,打开【拔模】输入拔模角度“20.00 度”,单击【确定】按钮 ✓,生成拉伸特征,如图 5-73 所示。

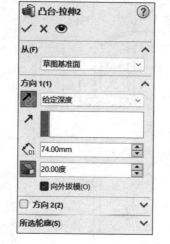

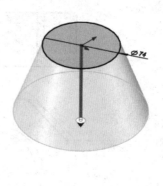

图 5-72　绘制草图　　　　　　　　　　　　　图 5-73　生成拉伸特征

步骤二:创建圆顶。

单击【特征】工具栏中的【圆顶】按钮 🔘（或在下拉菜单中选择【插入】→【特征】→【圆顶】命令）。弹出【圆顶】属性管理器,【参数】选取圆锥台上端面, 🔌 文本框中输入"70.00mm",单击【确定】按钮 ✓ ,生成圆顶如图 5-74 所示。

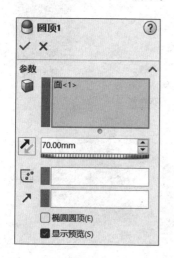

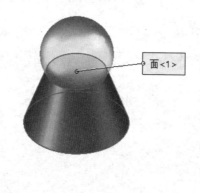

图 5-74　生成圆顶

5.9.3　知识拓展

圆顶特征还可生成不规则形状,如图 5-75 所示。

约束点或草图 🔲:选择一个点或草图,通过约束形状来控制圆顶。

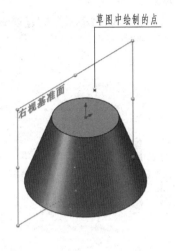

草图中绘制的点

右视基准面

面<1>

图 5-75　约束点或草图创建圆顶

5.10　创建包覆特征

视频

包覆特征

包覆特征是将闭合的草图包裹到平面或非平面上,在模型表面生成突起或凹陷的形状。

5.10.1　案例介绍和知识要点

【例 5-10】　创建图 5-76 所示实体的包覆特征。

知识点:

(1)创建包覆特征;

(2)包覆特征中草图的绘制。

图 5-76　包覆特征

5.10.2　操作步骤

步骤一:创建圆柱。

(1)单击【草图】工具栏中的【草图绘制】按钮 □ ,选取【上视基准面】,绘制圆,其直径为 50mm。

(2)单击【特征】工具栏中的【拉伸凸台/基体】按钮 ,弹出【拉伸凸台】属性管理器,【方向1】选择【给定深度】,输入"80.00mm",单击【确定】按钮 ✓ ,完成圆柱创建,如图 5-77 所示。

步骤二:绘制草图。

(1)单击【草图】工具栏中的【草图绘制】按钮 □ ,选取【前视基准面】,绘制槽

图 5-77　创建圆柱

口。圆弧半径为 1.6mm,圆心之间的距离为 22mm,圆心距圆柱下底面 8mm。

（2）单击【线性草图阵列】按钮 ，【方向 1】为 X 轴,距离为 10.47mm,【实例数】输入"15",【要阵列实体】选取槽口,如图 5-78 所示。

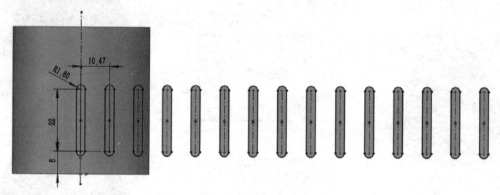

图 5-78　绘制草图

步骤三:创建包覆特征。

单击【特征】工具栏中的【包覆】按钮 （或在下拉菜单中选择【插入】→【特征】→【包覆】命令）。选取步骤二中的草图,弹出【包覆】属性管理器,【包覆类型】选择【蚀雕】 ,【包覆方法】选择【分析】 ,【包覆参数】选取【草图】,【包覆草图的面】选取圆柱外表面,【深度】输入"2.00mm"。单击【确定】按钮 ,创建包覆特征,如图 5-79 所示。

图 5-79　创建包覆

视频

自由形特征

5.11　创建自由形特征

自由形特征可修改曲面或实体的面。每次只能修改一个面,可通过生成控制曲线和控制点来修改面。

5.11.1　案例介绍和知识要点

【**例 5-11**】　创建图 5-80 所示实体的自由形特征。

知识点：

(1)自由形特征的创建；

(2)控制点的添加。

图 5-80　自由形特征

5.11.2　操作步骤

步骤一:创建圆柱。

(1)单击【草图】工具栏中的【草图绘制】按钮 □，选取【上视基准面】，绘制圆。圆的直径为 92mm，单击【确定】按钮 ✓，完成草图绘制。

(2)单击【特征】工具栏中的【拉伸凸台/基体】按钮，弹出【拉伸凸台】属性管理器，在【方向 1】终止条件中选择【给定深度】，其深度为"40.00mm"，单击【确定】按钮 ✓，生成圆柱，如图 5-81 所示。

步骤二:创建自由行特征。

选择下拉菜单【插入】→【特征】→【自由形】命令。弹出【自由形】属性管理器，【面设置】选取圆柱上表面，【控制类型】选择【通过点】，【控制点】单击【添加点】，在圆柱上表面添加控制点，【网格密度】输入"4"，可用鼠标移动控制点，创建如图 5-82 所示自由形特征。单击【确定】按钮，完成自由行特征。

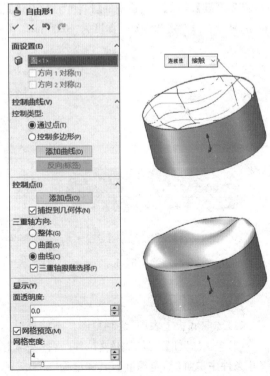

图 5-81　创建圆柱　　　　　　　　　　　图 5-82　创建自由形特征

5.12　创建镜像特征

　　镜像特征是将源对象沿对称面镜像生成特征的复制操作。镜像特征的对称面可以是三个基准平面、模型平面或新建的基准平面。

5.12.1　案例介绍和知识要点

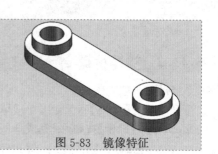

　　【例 5-12】 创建图 5-83 所示实体的镜像特征。

　　知识点：

　　(1)镜像特征创建；

　　(2)创建镜像特征的条件。

图 5-83　镜像特征

5.12.2　操作步骤

　　步骤一： 创建底板。

　　(1)单击【草图】工具栏中的【草图绘制】按钮□，选取【上视基准面】，绘制槽口。半圆的直径为 38mm，圆心之间的距离为 120mm。单击【确定】按钮✓，完成草图，如图 5-84 所示。

　　(2)单击【特征】工具栏中的【拉伸凸台/基体】按钮🔩，弹出【拉伸凸台】属性管理器，在【方向 1】终止条件中选择【给定深度】，其深度为"10.00mm"，单击【确定】按钮✓，生成拉伸特征，如图 5-85 所示。

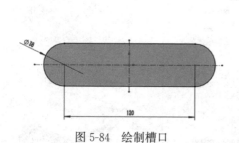

图 5-84　绘制槽口

图 5-85　生成拉伸特征

　　步骤二： 创建凸台。

　　(1)选取底板上表面，绘制草图。圆的直径为 28mm，单击【确定】按钮✓，完成草图绘制。

　　(2)单击【特征】工具栏中的【拉伸凸台/基体】按钮🔩，弹出【拉伸凸台】属性管理器，在【方向 1】终止条件中选择【给定深度】，其深度为"8.00mm"，单击【确定】按钮✓，创建凸台，如图 5-86 所示。

　　步骤三： 创建通孔。

　　(1)选取凸台上表面，绘制草图。圆的直径为 17mm，单击【确定】按钮✓，完成草图绘制。

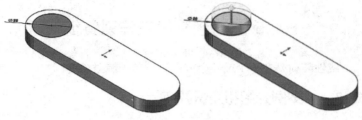

图 5-86 创建凸台

（2）单击【特征】工具栏中的【拉伸切除】按钮 ，弹出【拉伸切除】属性管理器，在【方向 1】终止条件中选择【完全贯穿】，单击【确定】按钮 ，生成通孔，如图 5-87 所示。

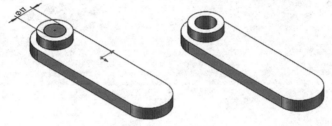

图 5-87 创建通孔

步骤四：创建镜像特征。

单击【特征】工具栏中的【镜像】按钮 （或选择下拉菜单【插入】→【阵列/镜像】→【镜像】命令）。弹出【镜像】属性管理器，【镜像面/基准面】选取右视基准面，【要镜像的特征】选取凸台和孔的特征，单击【确定】按钮 ，创建镜像特征，如图 5-88 所示。

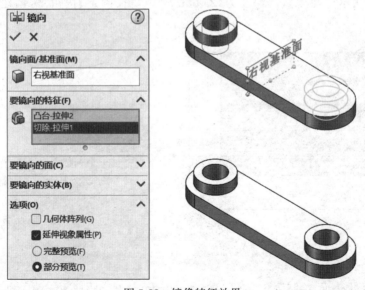

图 5-88 镜像特征效果

5.12.3 知识拓展

镜像特征的源对象可以是一个或多个特征，也可以是面或整个实体。

5.13　创建线性阵列特征

线性阵列是在一个或几个方向生成多个源对象的副本。

5.13.1　案例介绍和知识要点

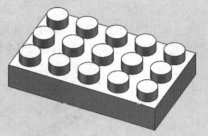

【例5-13】创建图5-89所示实体的线性阵列特征。

知识点：

阵列特征的创建。

图 5-89　线性阵列特征

5.13.2　操作步骤

步骤一：创建底板。

（1）单击【草图】工具栏中的【草图绘制】按钮□，选取【上视基准面】，绘制草图。其长度尺寸为150mm，宽度尺寸为90mm，单击【确定】按钮✓，完成草图。

（2）单击【特征】工具栏中的【拉伸凸台/基体】按钮🕮，弹出【拉伸凸台】属性管理器，在【方向1】终止条件中选择【给定深度】，其深度为"25.00mm"，单击【确定】按钮✓，创建底板，如图5-90所示。

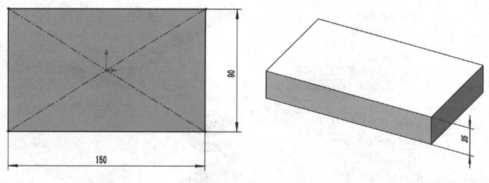

图 5-90　创建底板

步骤二：创建凸台。

（1）选取底板上表面，绘制草图。圆的直径为20mm，其圆心距底板左端面为15mm，圆心距底板前端面为15mm，单击【确定】按钮✓，完成草图绘制。

（2）单击【特征】工具栏中的【拉伸凸台/基体】按钮🕮，弹出【拉伸】属性管理器，在【方向1】终止条件中选择【给定深度】，其深度为"10.00mm"，单击【确定】按钮✓，创建凸台特征，如图5-91所示。

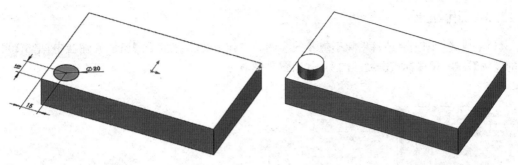

图 5-91 生成凸台

步骤三:创建线性阵列特征。

单击【特征】工具栏中的线性阵列按钮 ▓▓ (或选择下拉菜单【插入】→【阵列/镜像】→【线性阵列】命令)。弹出【线性阵列】属性管理器,【方向 1】选取边线 1,【间距】◇ 输入"30.00mm"、【实例数】.ᵉ 输入"5",【方向 2】选取边线 2,【间距】◇ 输入"30.00mm"、【实例数】.ᵉ 输入"3",【特征和面】【要阵列的特征】选取拉伸的凸台,单击【确定】按钮 ✓ ,创线性阵列特征,如图 5-92 所示。

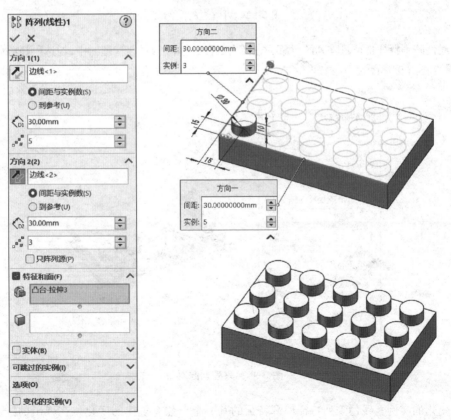

图 5-92 创建线性阵列

5.13.3　知识拓展

（1）生成线性阵列时还可剔除不想要的实例。在弹出的【线性阵列】属性管理器中，单击【可跳过的实例】按钮，用鼠标点击剔除的实例，如图 5-93 所示。

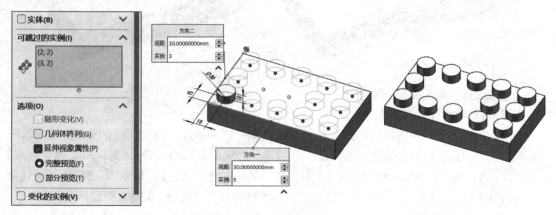

图 5-93　可跳过的实例

（2）线性阵列特征也可只阵列源对象。在弹出的【线性阵列】属性管理器中，勾选【只阵列源对象】，阵列结果如图 5-94 所示。

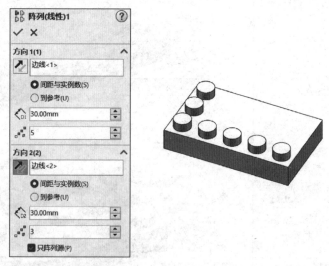

图 5-94　只阵列源对象

（3）变化的实例。线性阵列特征使源特征的某一个参数有规律的变化。在弹出的【线性阵列】属性管理器中，选中【变化的实例】，选取图中 ϕ20mm 的尺寸，【增量】输入"1.50mm"，阵列效果如图 5-95 所示。

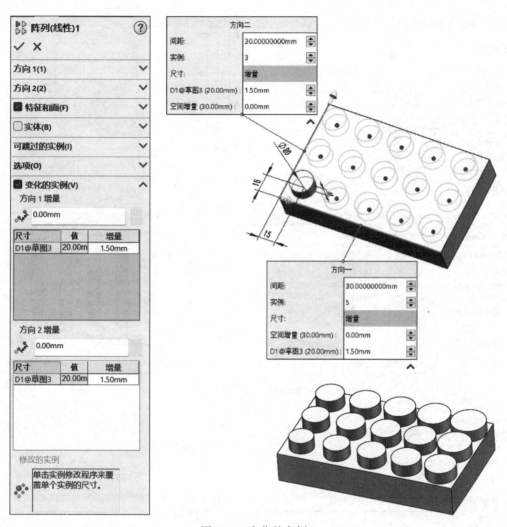

图 5-95 变化的实例

(4)随形变化。阵列实例重复时改变其尺寸。在弹出的【线性阵列】属性管理器中,【选项】选择【随形变化】,【方向 1】选取草图中尺寸,【间距】输入"15.00mm",【实例数】输入"6",选取拉伸切除特征,阵列结果如图 5-96 所示。

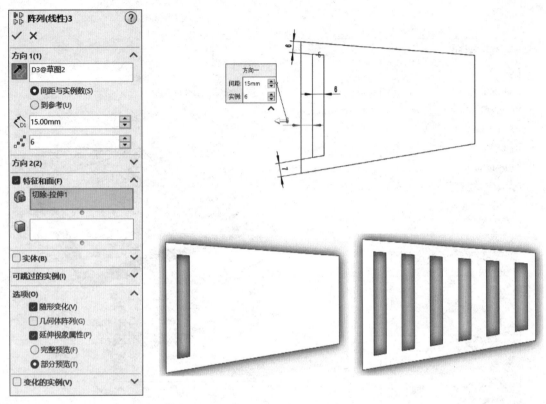

图 5-96 随形变化

5.13.4 随堂练习

利用特征阵列，完成图 5-97 所示实体的建模。

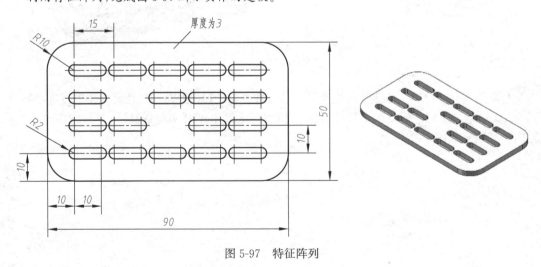

图 5-97 特征阵列

5.14　创建圆周阵列特征

圆周阵列特征是指源对象围绕轴线复制多个副本。

5.14.1　案例介绍和知识要点

【例 5-14】 创建图 5-98 所示实体的圆周阵列特征。
知识点：
圆周阵列的创建。

图 5-98　圆周阵列特征

5.14.2　操作步骤

步骤一：创建圆柱。

(1)单击【草图】工具栏中的【草图绘制】按钮 ，选取【上视基准面】，绘制草图。圆的直径为 30mm，单击【确定】按钮 ，完成草图。

(2)单击【特征】工具栏中的【拉伸凸台/基体】按钮 ，弹出【拉伸凸台】属性管理器，在【方向 1】终止条件中选择【给定深度】，其深度为 5mm，单击【确定】按钮 ，生成拉伸特征，如图 5-99 所示。

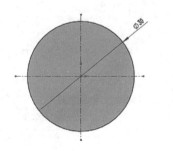
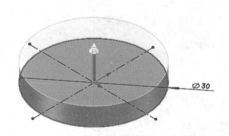

图 5-99　创建圆柱

步骤二：创建凸台。

(1)选取圆柱上表面，绘制草图。点划圆的直径为 37mm、小圆的直径为 5.5mm，同心圆弧的直径为 10mm，圆角半径为 5mm，单击【确定】按钮 ，完成草图，如图 5-100 所示。

(2)单击【特征】工具栏中的【拉伸凸台/基体】按钮 ，弹出【拉伸凸台】属性管理器，在【从】开始条件中选择【等距】，输入"1.50mm"，在【方向 1】终止条件中选择【给定深度】，输入距离"3.50mm"，单击【确定】按钮 ，完成拉伸特征，如图 5-101 所示。

步骤三：创建圆周阵列特征。

单击【特征】工具栏中的【圆周阵列】按钮 （或选择下拉菜单【插入】→【阵列/镜像】→【圆周阵列】命令），弹出【圆周阵列】属性管理器。【方向 1】阵列轴复选框选取圆柱外表面，选择【等间距】,实例数 ❋ 输入"3",【特征和面】→【要阵列的特征】选取拉伸的凸台,单击【确定】按钮 ✓,创建圆周阵列特征,如图 5-102 所示。

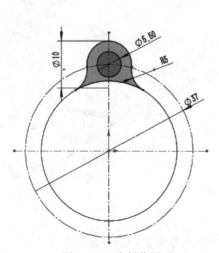

图 5-100　绘制草图

图 5-101　生成拉伸特征

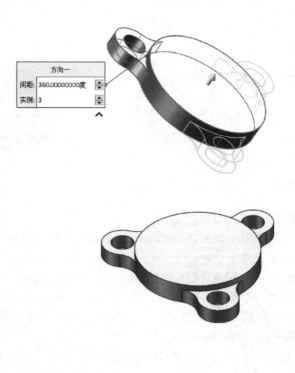

图 5-102　圆周阵列效果

5.14.3　随堂练习

(1)创建图 5-103 所示的实体。　　　　　　(2)创建图 5-104 所示的实体。(尺寸自定)

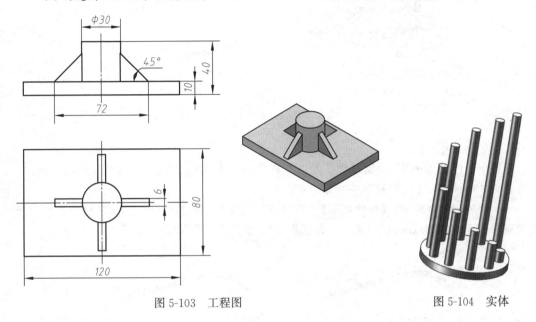

图 5-103　工程图　　　　　　　　　　　　图 5-104　实体

5.15　创建曲线驱动的阵列

视频

曲线驱动
阵列

曲线驱动的阵列特征是指源对象沿着平面曲线或空间曲线生成副本的特征。

5.15.1　案例介绍和知识要点

【例 5-15】　创建图 5-105 所示实体的曲线驱动的阵列
特征。

　知识点:

(1)曲线驱动的阵列的创建;

(2)驱动曲线的绘制。

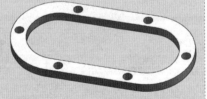

图 5-105　曲线驱动的阵列特征

5.15.2　操作步骤

步骤一:创建槽口。

(1)单击【草图】工具栏中的【草图绘制】按钮 ,选取【上视基准面】,绘制图 5-106(a)所示槽口。圆弧半径为 150mm,圆心之间的距离为 300mm,距离为 50mm,单击【确定】按钮 ,完成草图。

(2)单击【特征】工具栏中的【拉伸凸台/基体】按钮 ,弹出【拉伸凸台】属性管理器,在【方向 1】终止条件中选择【给定深度】,输入"30.00mm",单击【确定】按钮 ,生成拉伸特征,如图 5-106(b)所示。

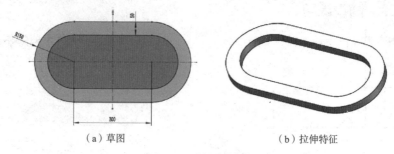

(a) 草图   (b) 拉伸特征

图 5-106   创建槽口

步骤二:创建通孔。

(1)选取槽口模型上表面,绘制草图。绘制与槽口内表面等距 25mm 的点画线轮廓,再绘制圆,其直径为 30mm,单击【确定】按钮 ✓,完成草图。

(2)单击【特征】工具栏中的【拉伸切除】按钮 ⬛,弹出【拉伸切除】属性管理器,在终止条件中选择【完全贯穿】,单击【确定】按钮 ✓,完成拉伸切除特征,如图 5-107 所示。

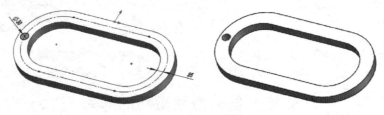

图 5-107   创建通孔

步骤三:绘制曲线。

选取槽口模型上表面,绘制草图。单击草图工具栏【转换实体引用】,选取草图 2 中的点画线轮廓,确定曲线驱动阵列的阵列方向。单击【确定】按钮 ✓,完成草图,如图 5-108 所示。

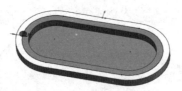

图 5-108   绘制草图曲线

步骤四:创建曲线阵列特征。

单击【特征】工具栏中的【曲线阵列】按钮 ⬚(或选择下拉菜单【插入】→【阵列/镜像】→【曲线驱动的阵列】命令)。弹出【曲线驱动阵列】属性管理器,【方向 1】中【阵列方向】复选框选取草图 3,【实例数】⬚ 输入"6",选择【等间距】,【特征和面】中【要阵列的特征】选取拉伸切除的通孔,单击【确定】按钮 ✓,创建曲线驱动的阵列特征,如图 5-109 所示。

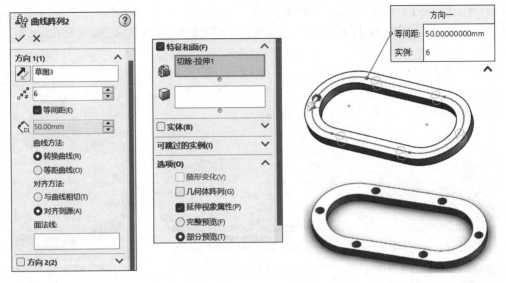

图 5-109　曲线驱动的阵列效果

5.16　创建草图驱动的阵列

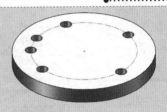
草图驱动的阵列特征是指源对象根据草图上的草图点生成副本的特征。

5.16.1　案例介绍和知识要点

【**例5-16**】　创建图 5-110 所示实体的草图驱动阵列特征。

知识点：

草图阵列的创建。

图 5-110　草图驱动的阵列

5.16.2　操作步骤

步骤一：创建圆柱。

(1)单击【草图】工具栏中的【草图绘制】按钮 □，选取【上视基准面】，绘制草图。圆直径为 50mm，单击【确定】按钮 ✓，完成草图。

(2)单击【特征】工具栏中的【拉伸凸台/基体】按钮 ◙，弹出【拉伸凸台】属性管理器，在【方向 1】终止条件中选择【给定深度】，输入"5.00mm"，单击【确定】按钮 ✓，生成拉伸凸台特征，如图 5-111 所示。

步骤二：生成通孔。

(1)选取圆柱上表面，绘制草图。点划圆直径为 37mm，绘制实线圆，其直径为 4mm，单击【确定】按钮✓,完成草图。

(2)单击【特征】工具栏中的【拉伸切除】按钮⬛,弹出【拉伸切除】属性管理器,在【方向1】终止条件中选择【给定深度】,输入距离"5.00mm",单击【确定】按钮✓,生成通孔,如图5-112所示。

步骤三:绘制草图点。

选取圆柱上表面,绘制草图中的点。在直径为37mm的点画圆上随机绘制点,如图5-113所示,单击【确定】按钮✓,完成草图。

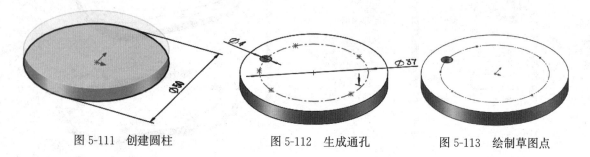

图5-111 创建圆柱　　　　图5-112 生成通孔　　　　图5-113 绘制草图点

步骤四:创建曲线阵列特征。

单击【特征】工具栏中的【曲线阵列】按钮🜨(或选择下拉菜单【插入】→【阵列/镜像】→【草图驱动的阵列】命令),弹出【曲线阵列】属性管理器。【参考草图】复选框选取草图3,【特征和面】中【要阵列的特征】选取拉伸切除的通孔,单击【确定】按钮✓,创建草图驱动的阵列特征,如图5-114所示。

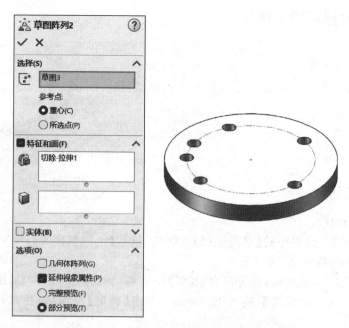

图5-114 草图驱动阵列特征效果

5.17 上 机 练 习

(1)创建图 5-115 所示轮架。

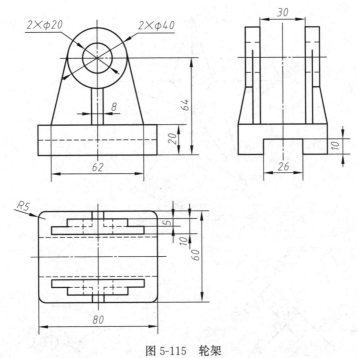

图 5-115 轮架

(2)创建图 5-116 所示端盖。

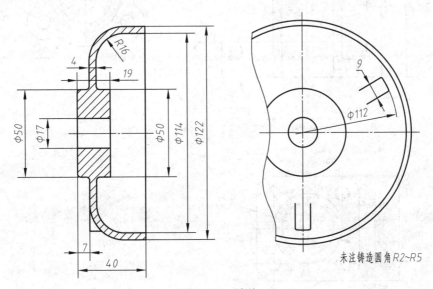

未注铸造圆角 R2~R5

图 5-116 端盖

(3)创建图 5-117 所示五角星。

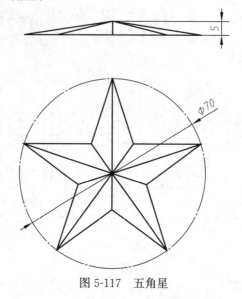

图 5-117　五角星

(4)创建图 5-118 所示弯头。

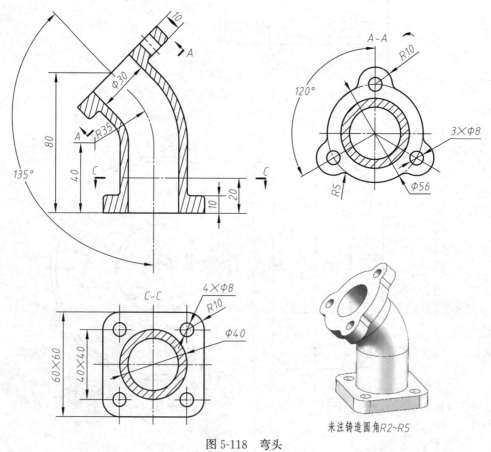

未注铸造圆角R2~R5

图 5-118　弯头

第6章　装配体设计

在产品设计过程中,装配体设计是一个重要环节。装配体设计的目的是要完成某个特定的功能或动作,所以一个装配体往往是由多个零部件组成的复杂体。

在装配体环境下,创建零件间的实体装配,可以充分表达设计者的设计思想。通过装配体的三维模型,观察和分析零件间的配合和连接关系、工作原理;进行动态和静态的干涉检查;生成装配体的爆炸视图和二维工程图;进行运动仿真分析等。

6.1　装配体设计的基本方法

SolidWorks 支持"自上向下"和"自下向上"两种装配设计方法,也可以将两种方法结合起来使用,两种装配设计方法在第一章进行了详述。无论采用哪种方法,其目标就是要建立零部件之间的关联以生成装配体或子装配体。

6.2　装配体设计的基本步骤

实体装配的基本步骤:

(1)新建装配体文件。

(2)插入装配体的第一个零件,该零件一般为装配体的"基准零件",在装配体中起支撑或包容其他零件的作用。

(3)按照装配顺序将其他零部件依次插入到装配体环境中。在添加配合约束前,可以将插入的零部件做旋转或移动,使其处于最佳的装配位置或视角方向。

(4)按照各零部件间的表面配合关系进行装配,即添加配合约束。

(5)重复步骤(3)和步骤(4),直至最后一个零部件完成装配体建模,并保存文件。

6.2.1　案例介绍和知识要点

【例6-1】　按照创建装配体的基本步骤,运用"自下向上"的设计方法,创建联轴器装配体。对联轴器装配体做干涉检查,生成爆炸视图,如图6-1所示。由于采用"自下向上"的设计方法,需要在零件环境创建除标准件以外的其他零件,本节不再详述。

知识要点:

(1)装配体设计树特征节点的操作;

(2)在装配环境插入和删除零部件;

(3)旋转和移动零部件;

(4)添加和修改零部件间的配合约束;

(5)干涉检查;

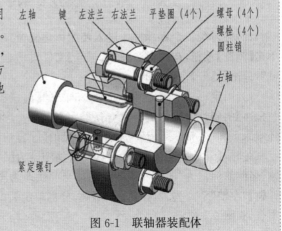

图 6-1　联轴器装配体

（6）对零部件的阵列；

（7）使用智能扣件和设计库插入标准件；

（8）生成爆炸视图。

6.2.2　操作步骤

步骤一：创建键连接子装配体。

（1）新建装配体文件。启动 SolidWorks，单击【快速访问工具栏】的【新建】按钮，弹出【新建 SolidWorks】对话框。选择【gb_assembly】装配体模块，单击【确定】按钮，进入装配体环境，如图 6-2 所示。

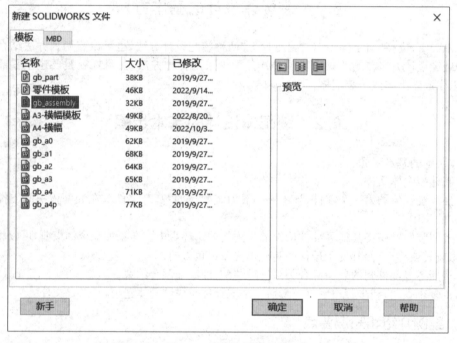

图 6-2　新建装配体文件

（2）打开第一个零部件。进入装配体建模窗口，图形区左侧显示【开始装配体】的属性管理器，单击【浏览】按钮，在图形区弹出【打开】文件对话框。找到文件所在路径，选择需要打开的文件"左轴"，单击【打开】按钮，如图 6-3 所示。

（3）固定第一个零部件。此时"左轴"的【前视图】显示在图形区，将鼠标指针直接移动到【开始装配体】的属性管理器上方，单击【确定】按钮 ✓，将"左轴"固定在图形区，即系统自动添加装配体环境原点和"左轴"零件环境原点【重合】的【配合约束】。

此时，【开始装配体】属性管理器自动切换为【装配体设计树】，在设计树中第一个零件节点"左轴"名称前标记为"固定"，说明该零件当前状态为固定，在图形区该零件不可移动和旋转。展开【设计树】"左轴"节点列表，按住【Ctrl】键，分别单击装配体原点和"左轴"零件原点，图形区显示两个点重合，如图 6-4 所示。

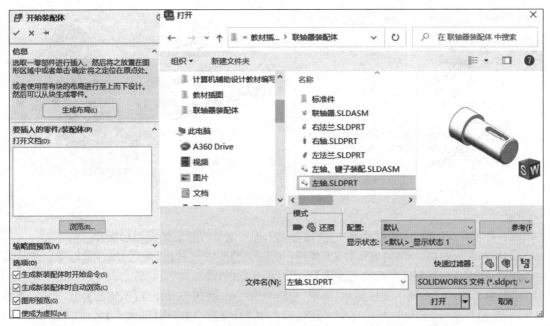

图 6-3　打开文件

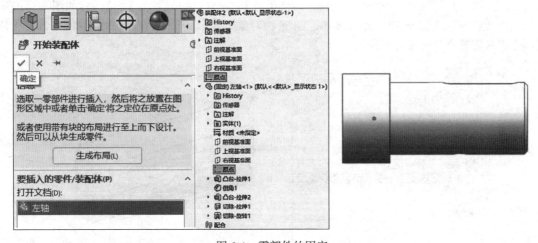

图 6-4　零部件的固定

（4）插入零部件。单击【装配体】工具栏上的【插入零部件】按钮 ，弹出【插入零部件】属性管理器及【打开】文件对话框，选择"键"，单击【打开】按钮。移动鼠标指针，将"键"移动到"键槽"附近，单击鼠标左键，插入"键"。【设计树】中"键"名称前的标记为【（－）】，说明"键"当前状态为【浮动】，如图 6-5 所示。将鼠标指针落在"键"模型上，按住左键拖动鼠标，实现对"键"的移动。在装配过程中，用户可以随时移动和旋转【浮动】状态的零件模型，使零件处于最方便的装配位置。重复【插入零部件】步骤，插入"左法兰"，其状态也为【浮动】，如图 6-5 所示。

说明：在插入第二个零件时，注意避免使其"固定"。如果该零件被"固定"，在【设计树】中鼠标

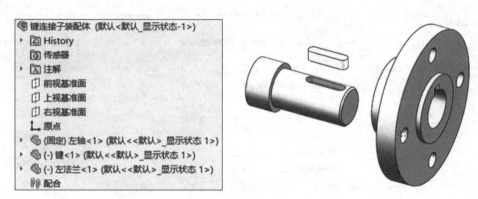

图 6-5　插入"键"和"左法兰"

右击该零件节点,在弹出的快捷菜单中选择【浮动】,即可对该零件移动或添加配合。

(5)添加配合约束。单击【装配体】工具栏上的【配合】按钮✎,弹出【配合】属性管理器。此时属性管理器中【配合选择】区【要配合的实体】列表框显示蓝色,处于激活状态。

①分别单击"键"右侧半圆柱面和"键槽"右侧半圆柱面,系统自动添加【同轴心】的配合。在【要配合的实体】列表框中显示选择的两个半圆柱面名称,【标准配合】区中【同轴心】按钮◎高显亮,同时在图形区弹出【配合约束】快捷菜单,单击【确定】按钮✓,添加【同轴心】的配合,如图 6-6(a)所示。

②分别单击"键"的侧面和"键槽"侧面,添加二者【重合】的配合,单击【确定】按钮✓,如图 6-6(b)所示。单击"键"的底面和"键槽"底面,添加二者【重合】的配合,单击【确定】按钮✓,如图 6-6(c)所示,完成"键"与"左轴上键槽"的配合约束。在选择对象时,如果当前视角不方便选择,可以按住鼠标【中键】,旋转模型至合适的视角。

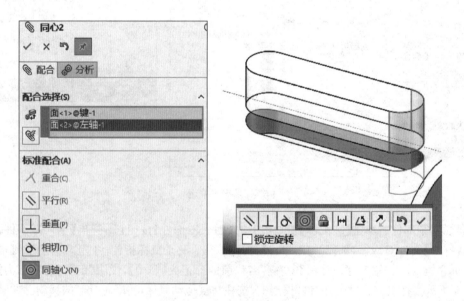

(a)添加同轴心配合

图 6-6　添加"左轴"与"键"的配合

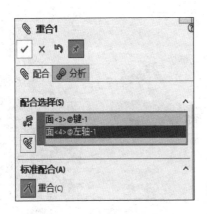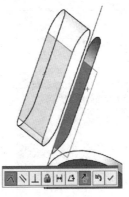

（b）添加侧面重合配合

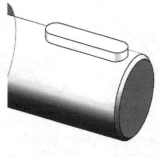

（c）添加底面重合配合

图 6-6　添加"左轴"与"键"的配合（续）

③分别单击"左法兰"轴孔圆柱面和"左轴"圆柱面，添加【同轴心】的配合，单击【确定】按钮 ✓，如图 6-7（a）所示。分别单击"键"的侧面和"左法兰"轴孔上键槽侧面，添加【重合】的配合，单击【确定】按钮 ✓，如图 6-7（b）所示。分别单击"左轴"的端面和"左法兰"的端面，添加【重合】的配合，单击【确定】按钮 ✓，如图 6-7（c）所示。

说明：在【设计树】中展开【配合】列表，右击需要编辑的配合，弹出快捷菜单，用户可以对该【配合】进行【编辑特征】、【压缩】和【删除】等操作。

④单击属性管理器的【确定】按钮 ✓，完成"键连接"的子装配体，如图 6-8 所示。此时在【设计树】中"键"和"左法兰"两个节点名称前的标记符号【（－）】已经消失，说明"键"和"左法兰"已经完全约束，不能进行移动和旋转。

说明：在图形区或【设计树】中，单击零部件，按【Delete】键，或者右击零部件，在弹出的快捷菜单中单击【删除】按钮，实现零部件的删除。

（6）保存子装配体文件。单击【快速访问工具栏】的【保存】按钮 ▤，在弹出的【另存为】对话框中设置存盘路径，文件名为"键连接子装配体"，保存类型为"SolidWorks 装配体（＊.asm；＊.sldasm）"，单击【保存】按钮，如图 6-9 所示。

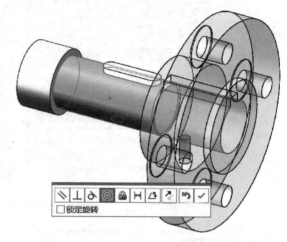

（a）添加同轴心配合

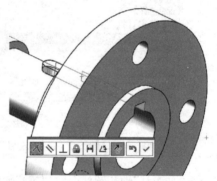

（b）添加侧面重合配合

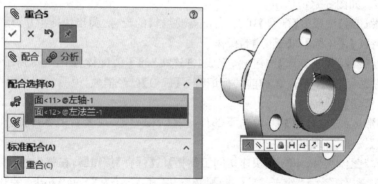

（c）添加端面重合配合

图 6-7　添加"左法兰"的配合

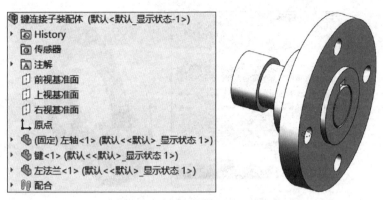

图 6-8　完成键连接子装配体

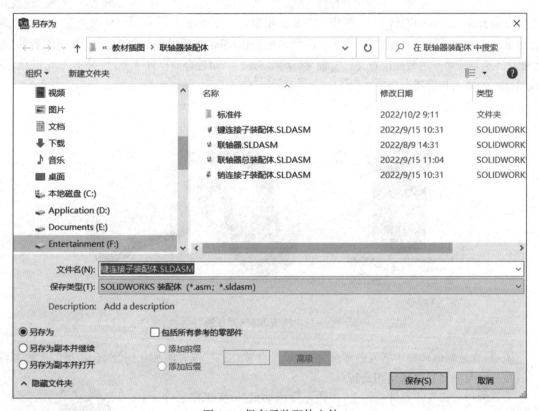

图 6-9　保存子装配体文件

步骤二:创建销连接子装配体。

(1)新建文件。新建装配体文件,建立过程与创建"键连接子装配体"相同。

(2)打开"右法兰"文件,单击【开始装配体】属性管理器的【确定】按钮 ✓ ,将其固定,如图 6-10 所示。

视频 •······

步骤二:
创建销连接
子装配体

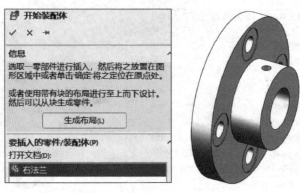

图 6-10 打开"右法兰"文件

(3)插入、旋转"右轴"。由于在"右轴"建模时，其轴线竖直位置创建，所以插入时"右轴"轴线处于竖直位置插入。在图形区下方，弹出一个旋转模型的快捷按钮 <kbd>90.00度 ↕ ↻ ↺ ↺</kbd>，可以使模型分别绕系统的 X、Y、Z 轴旋转，如图 6-11(a)所示。根据装配要求，单击旋转模型的快捷按钮 ↺ ，让"右轴"绕 Z 轴旋转至轴线水平的装配位置，将"右轴"移动到"右法兰"附近合适位置单击，如图 6-11(b)所示，完成"右轴"的插入和旋转。

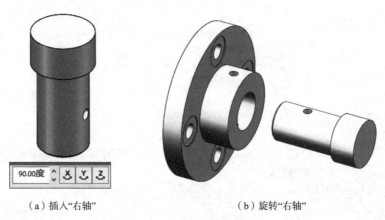

（a）插入"右轴"　　　　　　　　　　（b）旋转"右轴"

图 6-11 插入和旋转"右轴"

说明：在装配体环境中插入的零部件，如果没有被"固定"或者添加任何"配合约束"，该零部件可以在三维空间做自由移动和旋转。

①鼠标指针落在零部件视图上，按住左键拖动鼠标，实现零部件的自由移动。

②鼠标指针落在零部件视图上，按住右键拖动鼠标，实现零部件的自由旋转。

添加"右轴"圆柱面和"右法兰"轴孔柱面的【同轴心】配合，"右轴"上销孔柱面和"右法兰"上销孔柱面【同轴心】配合，如图 6-12 所示。

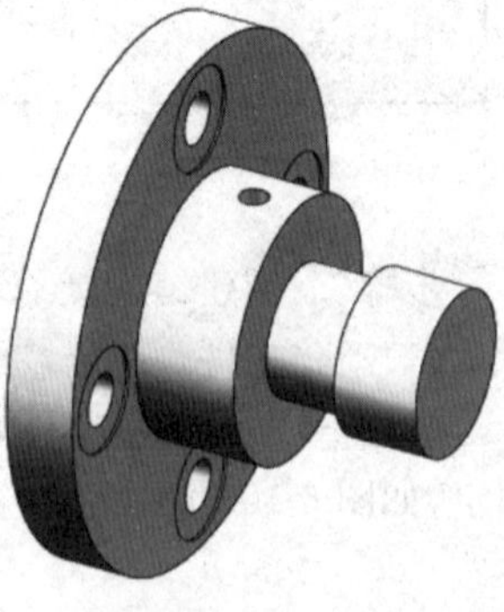

(4)插入"圆柱销"。"圆柱销"属于标准件，在设计过程中，对于标准件无须单独设计，只需根据设计计算结果，确定标准件的规格尺

图 6-12 添加配合

寸,从相关手册进行选用。SolidWorks 系统为用户提供了 GB、ISO 等在内的多个国家标准和多个系列的标准零件库,用户通过智能扣件或设计库的功能,插入标准件即可。

单击图形区右侧【任务窗格】中的【设计库】按钮🗔,弹出【设计库】对话框,单击【Toolbox】按钮,单击【现在插入】按钮。弹出【国家标准】系列列表,双击【■GB】图标,弹出【标准件】系列列表,双击【■销和键】图标,弹出【销和键】系列列表,双击【■圆柱销】图标,弹出【圆柱销】系列列表,找到对应国标代号【GB/T119.1】的【圆柱销】,如图 6-13 所示。

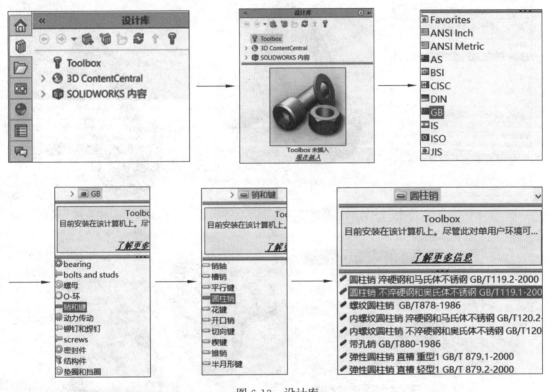

图 6-13　设计库

将鼠标指针落在【圆柱销 GB/T 119.1】的图标上,按住左键并拖动鼠标,当鼠标指针拖至图形区,图形区中会显示【圆柱销】轮廓。鼠标指针捕捉与【圆柱销】配合的"右法兰"上的销孔,系统自动添加二者【同轴心】的配合,松开左键,弹出【圆柱销】直径选择快捷菜单,图形区左侧弹出【配置零部件】属性管理器,用户根据设计尺寸,选择圆柱销的直径和长度即可,如图 6-14 所示。

最后再添加【圆柱销】上端面与"右法兰"凸缘的圆柱面【相切】的配合,完成【销连接】的子装配体,如图 6-15 所示。

(5)保存子装配体文件。单击【快速访问工具栏】的【保存】按钮🖫,在弹出的【另存为】对话框中设置存盘路径,文件名为"销连接子装配体",保存类型为"SolidWorks 装配体(＊.asm;＊.sldasm)",单击【保存】按钮。

步骤三:创建总装配体。

(1)新建装配体文件,建立过程与创建"键连接子装配体"相同。

(2)插入"键连接"子装配体,并固定。插入"销连接"子装配体,如图 6-16 所示。

视频 ●┈┈┈

步骤三:创建
总装配体

(3)添加配合。

①左右法兰圆柱面的【同轴心】配合,如图 6-17(a)所示。

②两个法兰接触端面的【重合】配合,如图 6-17(b)所示。

③左右法兰对应位置螺栓孔的【同轴心】配合,如图 6-17(c)所示。

图 6-14　从设计库插入圆柱销

 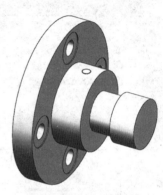

图 6-15　销连接子装配体

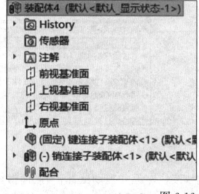

图 6-16　插入零部件

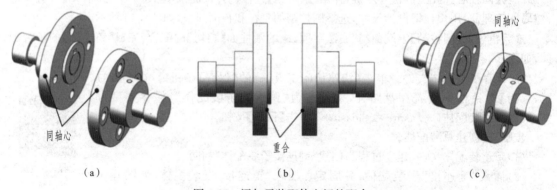

（a）　　　　　　　　　　　　　（b）　　　　　　　　　　　　　（c）

图 6-17　添加子装配体之间的配合

(4)智能扣件—插入“螺栓”。在装配体环境下,可以使用【智能扣件】功能插入螺纹紧固件。联轴器左右法兰之间是由螺栓连接的,法兰上的螺栓孔是用“异形孔向导”和“特征圆周阵列”生成的。所以在使用【智能扣件】插入螺纹紧固件时,系统会自动识别【孔特征】,插入“螺栓”,阵列“螺栓”,确定“螺栓”公称尺寸。

单击【装配体】工具栏中的【智能扣件】按钮,弹出【智能扣件】属性管理器。旋转模型,选择“左法兰”上螺栓孔圆柱面,单击【添加】按钮,如图 6-18(a)所示。向下拖动属性管理器滚动条,在【属性区】选择螺栓的公称尺寸,选择【螺纹线显示】为【装饰】,如图 6-18(b)所示,单击属性管理器的【确定】按钮,完成螺栓的插入。

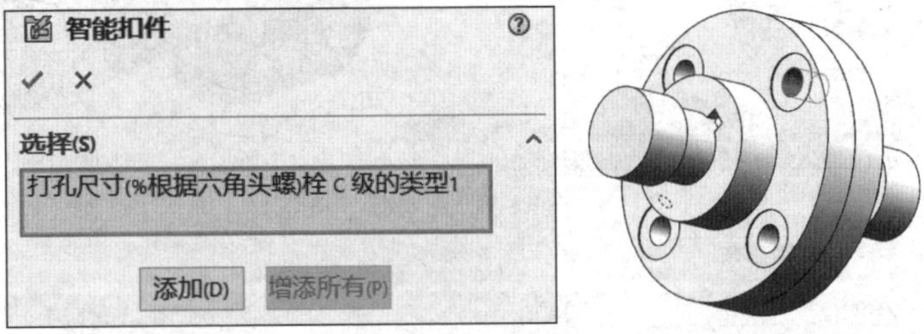

(a)

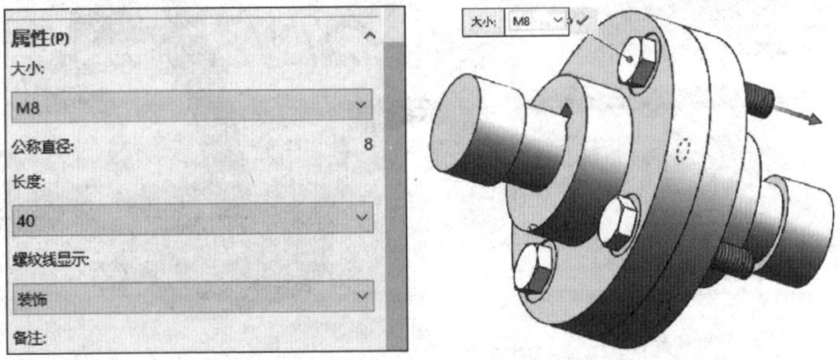

(b)

图 6-18　智能扣件—插入螺栓

(5)插入“平垫圈”和“螺母”。通过【设计库】插入“平垫圈”和“螺母”,插入过程同“圆柱销”。单击图形区右侧【任务窗格】中的【设计库】按钮,弹出【设计库】对话框,单击【Toolbox】按钮,单击【现在插入】。弹出【国家标准】系列列表,双击【GB】图标,弹出【标准件】系列列表,双击【垫圈和挡圈】图标,弹出【垫圈和挡圈】系列列表,双击【平垫圈】图标,弹出【平垫圈】系列列表,找到对应国标代号【GB/T 97.1】的【平垫圈】,鼠标拖动该【平垫圈】图标至图形区,鼠标指针捕捉放置【平垫圈】的孔端面,松开左键,插入【平垫圈】,如图 6-19(a)所示,在属性管理器中选择【平垫圈】的公称尺寸,单击【确定】按钮,完成插入。

在弹出【GB】的【标准件】系列列表,双击【螺母】图标,弹出【螺母】系列列表,双击【六角螺母】图标,弹出【六角螺母】系列列表,找到对应国标代号【GB/T 6170—20】的【螺母】,鼠标拖动该【螺母】图标至图形区,鼠标指针捕捉放置【螺母】的【平垫圈】端面,松开左键,插入【螺母】,如图 6-19(b)所示,在属性管理器中选择【螺母】的公称尺寸,单击【确定】按钮,完成插入。

(6)阵列零件。在【装配体】工具栏中,展开【零部件阵列】列表,单击【圆周零部件阵列】按钮,弹出属性管理器,如图 6-20 所示。

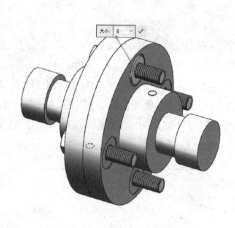

（a）插入平垫圈

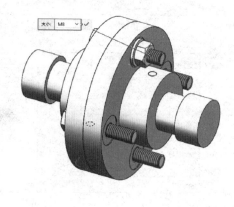

（b）插入螺母

图 6-19　插入"平垫圈"和"螺母"

图 6-20　执行圆周阵列命令

在【圆周阵列】属性管理器中，依次做如下操作：

①在【方向 1】区域，单击【阵列轴】列表框，使其颜色变为蓝色，处于激活状态，单击法兰外圆柱面，系统会以该圆柱面的轴线作为圆周阵列轴。

②阵列角度默认 360°。

③实例数设置为 4，勾选【等间距】复选框。

④激活【要阵列的零部件】列表框，在【设计树】或直接在装配体模型上选择"平垫圈"和"螺母"，如图 6-21 所示，单击属性管理器中的【确定】按钮 ✓，完成圆周阵列。

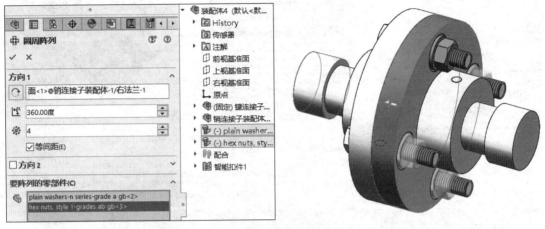

图 6-21　圆周零部件阵列

(7)插入"紧定螺钉"。

①单击【装配体】工具栏中的【智能扣件】按钮 🔩，弹出【智能扣件】属性管理器。旋转模型，方便观察到"左法兰"凸缘下方的螺纹孔。选择该螺纹孔圆柱面，单击【添加】按钮，如图 6-22 所示。

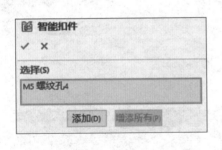

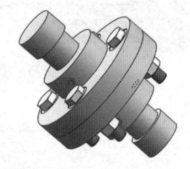

图 6-22　指定螺纹孔

②此时系统默认自动插入的标准件为"螺栓"，需要用户更改扣件类型。鼠标右击【扣件】列表框中的默认螺栓名称，单击【更改扣件类型】按钮，在弹出的【智能扣件】对话框中依次单击【GB】→【screws】→【紧定螺钉】→【Slotted set screws with cone point GB/T 71-1985】，单击【确定】按钮，如图 6-23 所示，单击【智能扣件】属性管理器上的【确定】按钮 ✓。

③添加紧定螺钉配合。为了便于添加"螺钉"与"左轴"上锥坑的配合，需要将"左法兰"隐藏。在图形区单击"左法兰"，在弹出的快捷菜单中单击【隐藏零部件】按钮 🔲，即可隐藏"左法兰"，如图 6-24 所示。

执行【配合】命令，单击"紧定螺钉"的锥端面和"左轴"上锥坑的锥面，添加【重合】配合，如图 6-25 所示，单击属性管理器中的【确定】按钮 ✓，完成添加紧定螺钉的配合。

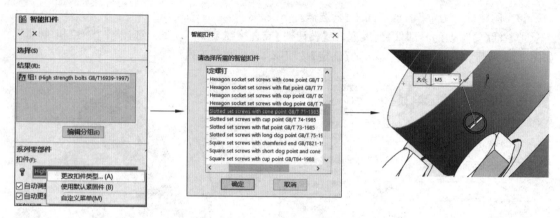

图 6-23 更改扣件类型

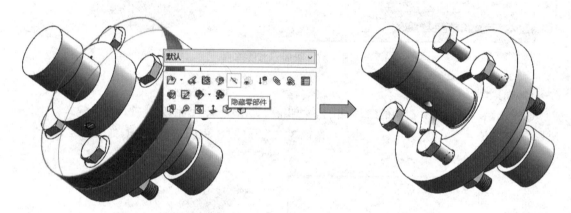

图 6-24 隐藏零部件

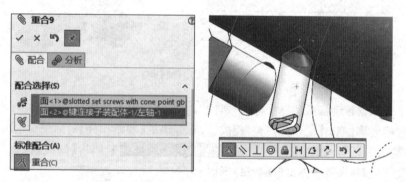

图 6-25 添加螺钉配合

　　将隐藏的"左法兰"显示出来。在【设计树】中单击"左法兰"节点,在弹出的快捷菜单中单击【显示零部件】按钮 ⬤ ,如图 6-26 所示。

　　至此,完成联轴器总装配体,如图 6-27 所示。

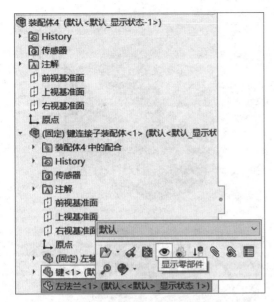

图 6-26 显示零部件

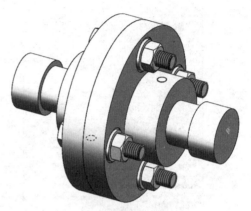

图 6-27 联轴器总装配体

步骤四:装配体剖切显示。

在装配过程中,为了便于观察装配体内部的零件,用户可以在装配体环境下,利用【装配体特征】工具,对装配体进行拉伸切除、打孔等特征建模。而这些特征仅存在于装配体中,并不影响零件模型。

(1)绘制剖切草图轮廓。单击"右轴"端面,作为草图基准面,在弹出的快捷菜单中单击【草图绘制】按钮,正视于草图基准面,绘制矩形,如图 6-28 所示。

(2)拉伸切除。展开【装配体】工具栏中【装配体特征】列表,单击【拉伸切除】按钮,如图 6-29 所示。

视频 •······

步骤四:装配体剖切显示

图 6-28 绘制剖切轮廓

图 6-29 执行拉伸切除命令

在弹出的【切除-拉伸】属性管理器中,分别设置:

①在【方向 1】和【方向 2】中的【终止条件】列表选择【完全贯穿】。

②【特征范围】区选择【所选零部件】,将【自动选择】前面的复选框取消。

③将【影响到的零部件】列表框激活,在【设计树】或图形区分别选择"左法兰"和"右法兰",如图 6-30 所示,单击【确定】按钮 ✓ ,完成剖切。

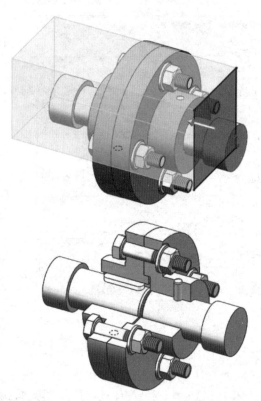

图 6-30 装配体剖切

(3)切除－拉伸特征的压缩。当前装配体的切除－拉伸特征处于显示状态，如果不需要显示，可将此特征压缩。在【设计树】中单击【切除－拉伸】特征节点，在弹出的快捷菜单中单击【压缩】按钮 ，如图 6-31 所示，此时，该特征节点图标和名称显灰。如果需要再次显示出该特征，单击该特征节点，在弹出的快捷菜单中单击【解除压缩】按钮 ，如图 6-32 所示。

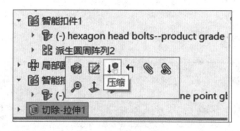

图 6-31 压缩特征

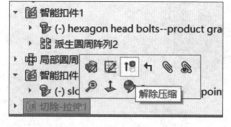

图 6-32 解除压缩特征

• 视频

步骤五：装配体干涉检查

步骤五：干涉检查。

(1)发现和忽略干涉。单击【评估】工具栏中的【干涉检查】按钮 ，弹出【干涉检查】属性管理器，单击【计算】按钮。

①在结果列表中单击【干涉 1】，图形区显示为"螺母"和"螺栓"间的干涉，属于螺纹扣件干涉，可以忽略，如图 6-33 所示。单击【忽略】按钮，将【干涉 1】忽略。

②依次忽略【干涉 2】、【干涉 3】、【干涉 4】、【干涉 7】，均为螺纹扣件干涉。

③单击【干涉 5】和【干涉 6】，图形区显示为"圆柱销"和"右法兰销孔"的配合干涉，如图 6-34 所示，需要修改"圆柱销"或"销孔"的尺寸。

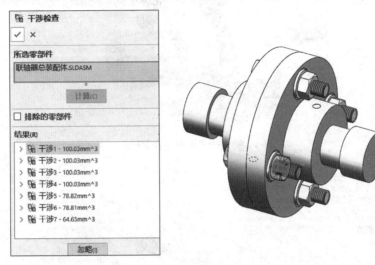

图 6-33　忽略干涉

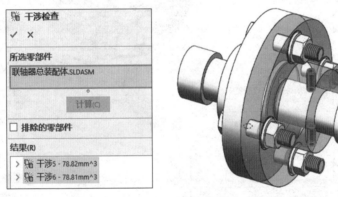

图 6-34　圆柱销与销孔干涉

（2）编辑零件，消除干涉。

①在图形区单击"右法兰"，在弹出的快捷菜单中单击【编辑零件】按钮 ，如图 6-35 所示，进入【编辑零件】环境。

②此时，【设计树】中【右法兰】节点的颜色变为蓝色，说明此零件处于编辑状态。展开【右法兰】节点，单击【暗销孔 1】节点，图形区显示出【暗销孔】的特征尺寸，双击【暗销孔】的直径尺寸φ4，在弹出的【修改】对话框中输入"5"，单击【确定】按钮 ，如图 6-36 所示。单击【快速访问】工具栏中的【重新建模】按钮 ，完成尺寸修改。

③单击【特征】工具栏上的【编辑零部件】按钮 ，或者单击【图形区】右上方的【退出编辑零部件】按钮 ，结束编辑零部件操作。

④单击【评估】工具栏上的【干涉检查】按钮 ，弹出【干涉检查】属性管理器，单击【计算】按钮，在【结果】列表中显示【无干涉】，如图 6-37 所示，完成消除干涉。

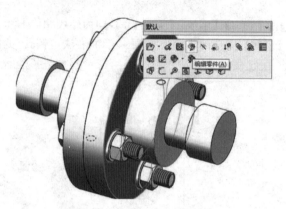

图 6-35 进入【编辑零件】环境

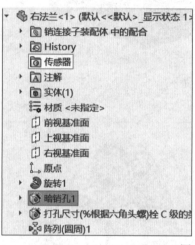

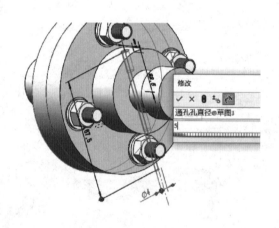

图 6-36 修改尺寸

步骤六：
创建装配体
爆炸视图

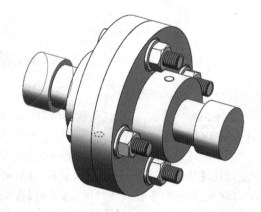

图 6-37 结果无干涉

步骤六：创建装配体爆炸视图。

爆炸视图是指在装配体环境下，将装配体各零件沿装配路线按一定距离进行拆分，形成特定状态和位置的视图。其目的就是要表达装配体的零件组成，各零件之间的相互关系，以及装拆顺序。

爆炸视图可以是静态的显示,也可以进行动态演示,还可以生成一个播放文件,供随时播放,方便设计者更好地进行产品演示。

(1)创建爆炸视图。将【联轴器】装配体的【切除－拉伸】特征解除压缩。单击【装配体】工具栏中的【爆炸视图】按钮 ，弹出【爆炸】属性管理器。在【选项】区勾选【自动调整零部件间距】复选框,取消【选择子装配体零件】的复选框,按照拆装顺序依次选择零部件进行拆分。选择零部件时,可以选择一个零件,也可以同时选择多个零件,子装配体作为一个零件进行选择。

①移动"螺母"。在图形区依次单击 4 个螺母,出现移动方向的【坐标系】,将鼠标指针移动到【X】箭头上,箭头颜色变为蓝色,按住左键沿【X】方向稍微拖动,松开鼠标。此时 4 个螺母可移动方向只有【X】方向箭头,再次将鼠标指针移动到此箭头上,按住左键进行拖动,即可快速移动 4 个螺母到合适的位置,松开左键。在【爆炸】属性管理器中,【爆炸步骤】列表中出现第一个爆炸步骤【链1】,单击【完成】按钮,如图 6-38 所示,完成爆炸步骤【链 1】。

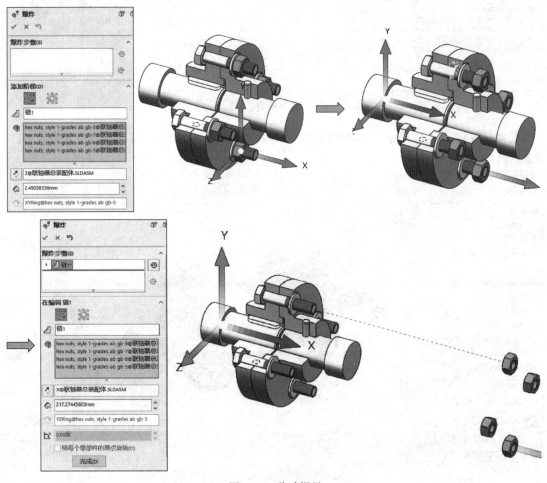

图 6-38　移动螺母

②移动"平垫圈"。操作过程同移动"螺母",移动结果如图 6-39 所示,单击属性管理器中的【完成】按钮。

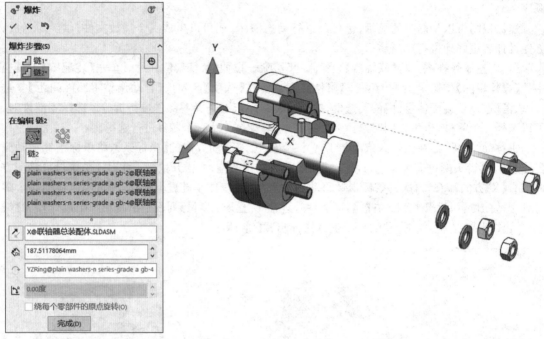

图 6-39　移动平垫圈

③移动"销连接子装配体"。操作过程同上,移动结果如图 6-40 所示,单击属性管理器中的【完成】按钮。

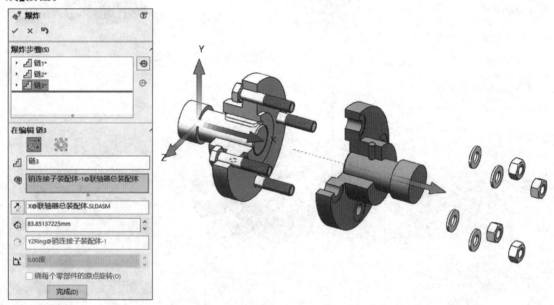

图 6-40　移动销连接子装配体

④爆炸"销连接子装配体",移动"圆柱销"和"右轴"。在【爆炸】属性管理器的【选项】区勾选【选择子装配体零件】的复选框,先沿 Y 方向移动"圆柱销",然后沿 X 方向移动"右轴",移动结果如图 6-41 所示,单击属性管理器中的【完成】按钮。

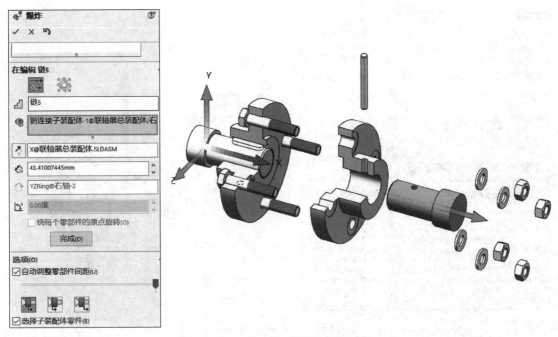

图 6-41　爆炸"销连接子装配体"

⑤移动"螺栓"。操作过程同移动"螺母",沿【X】箭头方向的反方向移动,移动结果如图 6-42 所示,单击属性管理器中的【完成】按钮。

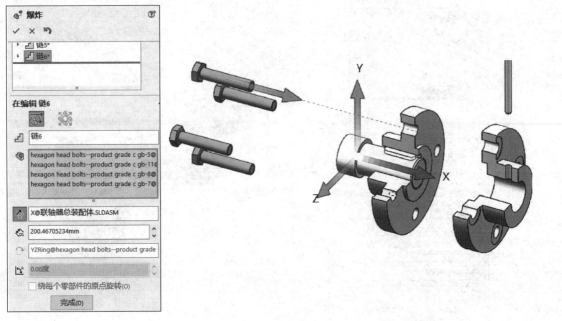

图 6-42　移动螺栓

⑥移动"紧定螺钉"。在【设计树】中展开【智能扣件 2】,单击【紧定螺钉】节点,选择【紧定螺钉】,沿 Y 箭头方向反方向移动,移动结果如图 6-43 所示,单击属性管理器中的【完成】按钮。

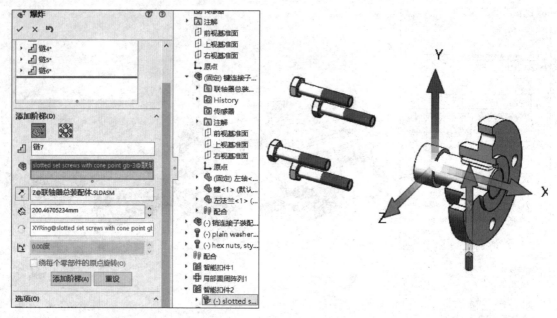

图 6-43　移动紧定螺钉

⑦移动"左轴"和"键"。在【爆炸】属性管理器中,【选项】区取消【自动调整零部件间距】复选框,在图形区单击【左轴】和【键】,沿 X 箭头方向反方向同时移动【左轴】和【键】,移动结果如图 6-44 所示,单击属性管理器中的【完成】按钮。

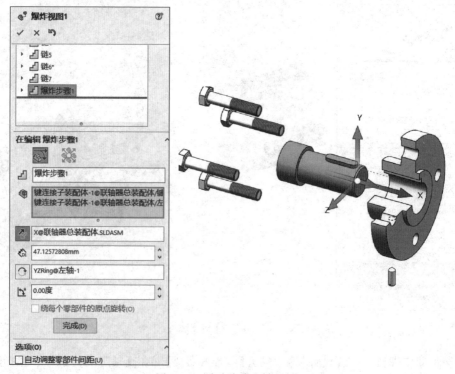

图 6-44　同时移动左轴和键

⑧移动"键"。在【爆炸】属性管理器中,【选项】区勾选【自动调整零部件间距】复选框,在图形区单击【键】,沿 Y 箭头方向移动,移动结果如图 6-45 所示,单击属性管理器中的【完成】按钮。

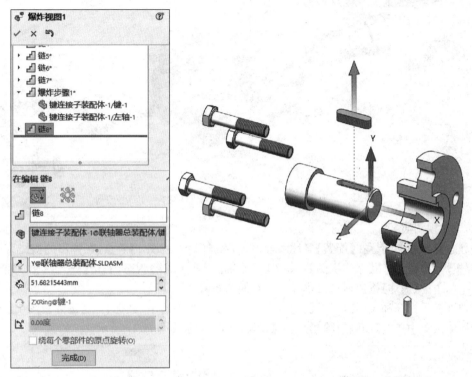

图 6-45　移动键

至此,联轴器爆炸视图创建完成,单击【爆炸】属性管理器的【确定】按钮 ✓。系统自动生成【爆炸视图】配置文件,在【配置】属性管理器中显示配置文件名称和【爆炸视图】的步骤列表,如图 6-46 所示。

图 6-46　联轴器爆炸视图

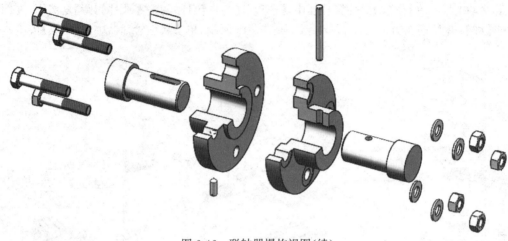

图 6-46　联轴器爆炸视图(续)

(2)爆炸视图演示。

①静态显示和关闭。在【配置】属性管理器中,右击【爆炸视图1】节点,在弹出的快捷菜单中单击【解除爆炸】按钮,关闭【爆炸视图】。如果【爆炸视图】处于关闭状态,右击【爆炸视图1】节点,单击快捷菜单中的【爆炸】按钮,打开【爆炸视图】,如图 6-47 所示。

②动画演示打开和关闭【爆炸视图】。在【配置】属性管理器中,鼠标右击【爆炸视图1】节点,在弹出的快捷菜单中单击【动画解除爆炸】或【动画爆炸】按钮,如图 6-47 所示。

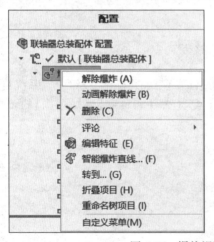
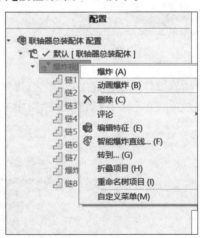

图 6-47　爆炸视图的显示和关闭

③保存播放文件。在【动画控制器】工具栏中单击【保存动画】按钮,完成保存播放文件,如图 6-48 所示。

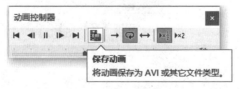

图 6-48　保存播放文件

（3）编辑爆炸视图。

①如图 6-47 所示，在快捷菜单中可以【删除】爆炸视图。

②如图 6-47 所示，在快捷菜单中可以单击【编辑特征】命令，弹出【爆炸】属性管理器，可以重新设置参数。

③鼠标指针移动到【爆炸视图】步骤列表的节点上，右击弹出快捷菜单，如图 6-49 所示，可以【删除爆炸步骤】和【编辑爆炸步骤】。右击【链 3】单击【编辑爆炸步骤】，在图形区可以调整【链 3】的移动距离，将【销连接子装配体】调整到合适位置，如图 6-50 所示，单击属性管理器中的【完成】按钮。依次调整【链 2】和【链 1】的距离，将平垫圈和螺母调整到合适位置，单击属性管理器中的【完成】按钮。调整以后"联轴器总装配体"的【爆炸视图】如图 6-51 所示。

注意：在创建装配体爆炸视图的过程中，将零部件移动一定距离，到合适位置，是以不遮挡其他零件为原则，使装配体各零部件即处于最佳观察位置，同时爆炸视图又相对紧凑。

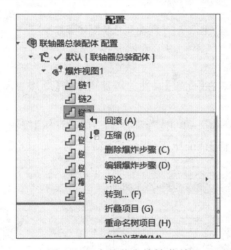

图 6-49　步骤节点快捷菜单

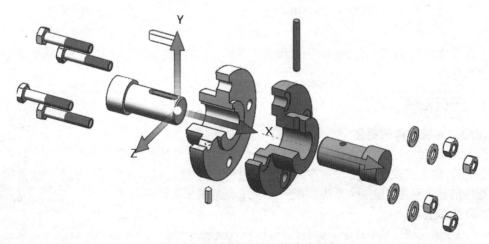

图 6-50　重新调整链 3 的移动距离

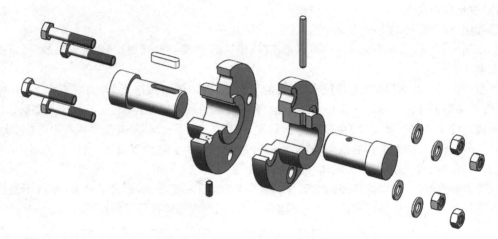

图 6-51　联轴器总装配体爆炸视图

步骤七:保存装配体文件。

(1)关闭【爆炸视图】显示。在【配置】属性管理器中双击【爆炸视图 1】,也可以关闭【爆炸视图】显示。

(2)回到装配体【设计树】环境。单击【管理器】上方【设计树】按钮💠,如图 6-52 所示。在【设计树】中,将装配体的【切除－拉伸】特征压缩,显示完整装配体,如图 6-53 所示。

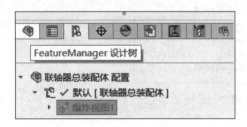

图 6-52　回到装配体环境

图 6-53　完整装配体

(3)保存文件。单击【保存】命令按钮,设置存盘路径、文件名和保存类型,完成"联轴器总装配体"的文件保存。

6.2.3　知识拓展

6.2.3.1　装配体的简化

在产品设计过程中,我们往往会遇到零部件数目较多或结构复杂的大型装配体,设计者可根据不同的设计阶段或设计范围,设定零部件的不同状态,这样可以减少设计时装入和计算的数据量,装配体的显示和重建速度会更快,用户可以更有效地使用系统资源。

1. 隐藏和显示

为了便于装配或在装配体中编辑零部件,用户可以把影响视线的零部件隐藏起来。被隐藏的零部件在图形区不显示,但其所有模型数据被载入内存。在图形区单击需要【隐藏】的零部件,在弹出的快捷菜单中单击【隐藏零部件】按钮 ✎ ,将"联轴器装配体"的"左法兰"隐藏,如图 6-54 所示,"左法兰"在图形区不显示,便于用户观察和选择"左轴"或"键",在【设计树】中"左法兰"的名称和图标呈灰色。

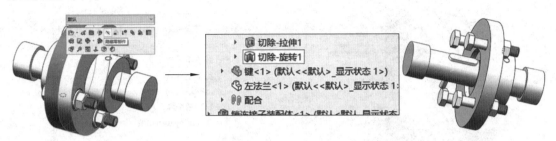

图 6-54　隐藏"左法兰"

在【设计树】中单击被隐藏的零部件节点,在弹出的快捷菜单中单击【显示零部件】按钮 ,即可显示该零部件。

2. 压缩和解除压缩

鼠标单击"联轴器"模型上的"右法兰",在弹出的快捷菜单中单击【压缩】按钮 ,如图 6-55 所示,"右法兰"被压缩。在【设计树】中,被压缩的"右法兰"名称和图标呈灰色透明状。

虽然【压缩】零部件在显示效果上和【隐藏】零部件一样,都是在图形区不显示。但被压缩的零部件的模型数据不被载入内存,该零部件不参与装配体的任何计算,因此载入速度、重新建模和显示性能均有提高。不过,被压缩的零部件包含的配合关系也被压缩,导致装配体中零部件的位置可能变为欠定义,参考压缩零部件的关联特征也可能受到影响。

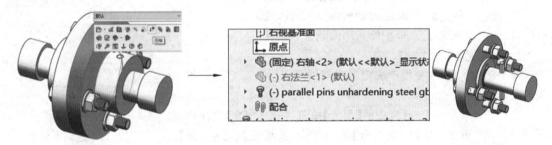

图 6-55　压缩"右法兰"

在【设计树】中单击被压缩的零部件节点,在弹出的快捷菜单中单击【解除压缩】按钮 ,即可显示出该零部件。

3. 轻化和还原

在图形区鼠标右击"右法兰"模型,在弹出的快捷菜单中单击【设定为轻化】按钮,在【设计树】中"右法兰"名称前面的图标变为 ,展开"右法兰"节点,其建模特征将不显示,如图 6-56 所示。

处于轻化状态的零部件,只有部分模型数据载入内存,其余数据根据需要载入。用户可以对一个零部件或多个零部件做轻化设置。使用轻化的零部件,可以明显提高系统对大型装配体的处理性能。

在【设计树】中鼠标右击【设定为轻化】的零部件名称,在弹出的快捷菜单中单击【设定为还原】按钮,还原零部件。

还原是装配体零部件的正常状态。当零部件处于完全还原状态,其所有模型数据将被载入内存,可以使用所有功能。

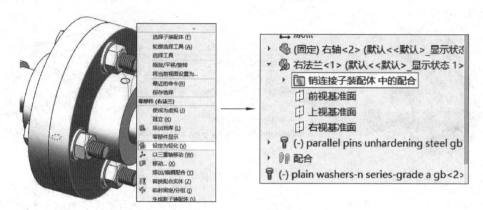

图 6-56　设定为轻化

6.2.3.2　配合关系

在装配体设计过程中,设计者不仅要在装配体环境中插入零部件,还要对每个零部件添加配合关系,建立零部件之间的相对位置关系,完成产品的组装。

SolidWorks 为用户提供了功能强大、种类丰富的配合关系,可以满足设计者的设计要求。按照配合关系的功能,SolidWorks 系统将配合关系分为三类:标准配合、高级配合和机械配合。

设计者可以通过选择装配体环境中零部件模型上的点、线、面等对象建立配合关系。

(1)面包含各类基准面、模型上的圆柱面和平面。

(2)线包含各类基准轴、临时轴和模型上的边线。

(3)点包含系统原点、模型原点和模型上的顶点。

1. 标准配合

属于常规配合,主要用于确定各零部件上点、线、面之间的相对位置关系。

(1)单击【装配体】工具栏中的【配合】按钮,弹出【配合】属性管理器,如图 6-57 所示。在【标准配合】选项组中,系统提供了【重合】、【平行】、【垂直】、【相切】、【同轴心】、【锁定】、【距离】、【角度】等配合方式的选项。

(2)在添加【标准配合】时,如图 6-58 所示,当用户选择了"键"的侧面和"键槽"侧面,系统会自动添加这两个面【重合】的配合关系,此时在属性管理器中这两个面不能添加的配合方式按钮呈灰色,同时在图形区弹出选择配合方式的快捷菜单,用户根据设计要求进行选择即可。

2. 高级配合

适用于建立特殊设计要求的配合关系。

图 6-57　配合属性管理器

(1)对称配合。分别指定两个零部件上的面相对于装配体模型上的任何一个平面对称。

①单击【装配体】工具栏上的【配合】按钮 ◎ ,弹出【配合】属性管理器,如图 6-59 所示。

②展开【高级配合】选项组,单击【对称】按钮 ◙ ,在【配合选择】组中【对称基准面】列表框呈蓝色,处于激活状态,在【设计树】中选择"前视基准面"。

③【要配合的实体】列表框被激活,在图形区选择两个"滚柱端面"。
④单击属性管理器上的【确定】按钮 ✓,完成对称配合。

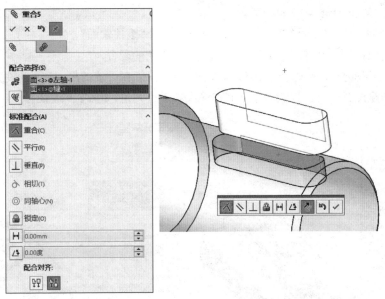

图 6-58 添加两个平面的配合关系

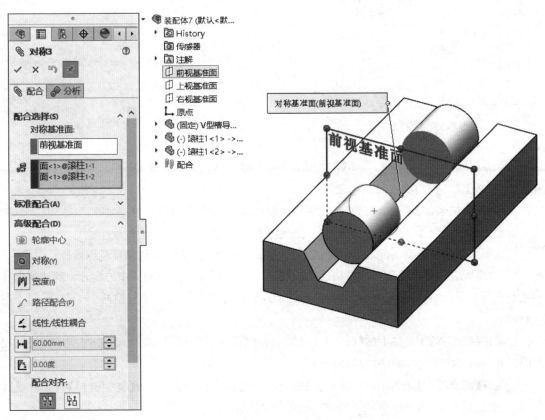

图 6-59 对称配合

（2）限制距离配合。可以控制对象之间的最大和最小距离，如图 6-60 所示。

①展开【高级配合】选项组，单击【限制距离】按钮▦，在【最大值 ꞏ】文本框内输入"60.00mm"，在【最小值 ꞏ】文本框内输入"5.00mm"。

②【要配合的实体】列表框被激活，在图形区选择两个"滚柱端面"。

③单击属性管理器上的【确定】按钮✓，完成限制距离的配合。

④在图形区鼠标拖动其中一个"滚柱"，两个"滚柱"只能在设置的最大和最小距离之间移动。

（3）限制角度配合。可以控制对象之间的最大和最小夹角，如图 6-61 所示。

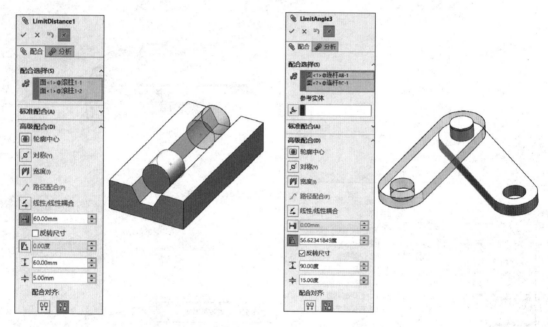

图 6-60　限制距离配合　　　　　　　　图 6-61　限制角度配合

①展开【高级配合】选项组，单击【限制角度】按钮▨，在【最大值 ꞏ】文本框内输入"90.00 度"，在【最小值 ꞏ】文本框内输入"15.00 度"。

②【要配合的实体】列表框被激活，在图形区选择两个"连杆"的侧面。

③单击属性管理器上的【确定】按钮✓，完成限制角度的配合。

④在图形区鼠标拖动下面的"连杆"，该"连杆"可以绕"销轴"在设置的角度范围旋转。

（4）宽度配合。可以控制薄片结构插入凹槽时，相对于凹槽宽度方向居中的配合。薄片的标签参考包括两个平行面、两个不平行面、一个圆柱面或轴线。凹槽宽度参考包括两个平行面、两个不平行面。

①单击【装配体】工具栏上的【配合】按钮◈，弹出【配合】属性管理器，如图 6-62 所示。先添加"连杆"和"连接块"上"销轴孔"的【同轴心】配合。

②展开【高级配合】选项组，单击【宽度】按钮▥，在【配合选择】组中的【宽度选择】列表框呈蓝色，处于激活状态，在图形区中选择"凹槽"的两个内侧面，为宽度参考。

③【薄片选择】列表框被激活，在图形区选择"连杆"圆柱面，为薄片的"标签参考"。

④单击属性管理器上的【确定】按钮 ✓,完成宽度配合。

(5)路径配合。控制零部件上指定的点沿指定路径移动。

①单击【装配体】工具栏上的【配合】按钮 ⬗,弹出【配合】属性管理器,如图 6-63 所示。

②展开【高级配合】选项组,单击【路径配合】按钮 ⬚,在【配合选择】组中的【零部件顶点】列表框呈蓝色,处于激活状态,在图形区中选择"零件"上的一个顶点。

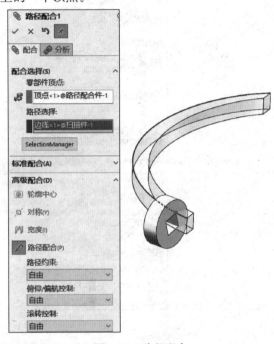

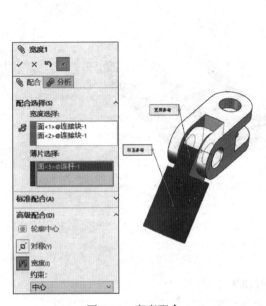

图 6-62　宽度配合

图 6-63　路径配合

③【路径选择】列表框被激活,在图形区选择"扫描件"上的一条边线,为配合路径。

④单击属性管理器上的【确定】按钮 ✓,完成路径配合。

(6)线性配合。控制线性移动的一个零部件,另一个零部件随之同时移动,并可设置其移动速度和移动方向。

①单击【装配体】工具栏上的【配合】按钮 ⬗,弹出【配合】属性管理器,如图 6-64 所示。

②展开【高级配合】选项组,单击【线性/线性耦合】按钮 ⬚,在【配合选择】组中的第一个【要配合的实体】列表框呈蓝色,处于激活状态,在图形区中选择"第一个滑块"上与移动方向平行的边线;第二个【要配合的实体】列表框被激活,在图形区中选择"第二个滑块"上与移动方向平行的边线。

③在【比率】的第二个文本框中输入"2.00mm"。

④单击属性管理器上的【确定】按钮 ✓,完成线性配合。

3. 机械配合

适用于建立特殊设计要求的配合关系。

(1)凸轮配合。建立推杆端面与凸轮轮廓相切或重合的配合关系。

①单击【装配体】工具栏上的【配合】按钮 ⬗,弹出【配合】属性管理器,如图 6-65 所示。

②展开【机械配合】选项组,单击【凸轮】按钮 ⬚,在【配合选择】组中的【凸轮槽】列表框呈蓝色,

处于激活状态,在图形区中选择"凸轮"轮廓表面。

③【凸轮推杆】列表框被激活,在图形区选择"推杆"下端半圆柱面。

④单击属性管理器上的【确定】按钮✓,完成凸轮配合。

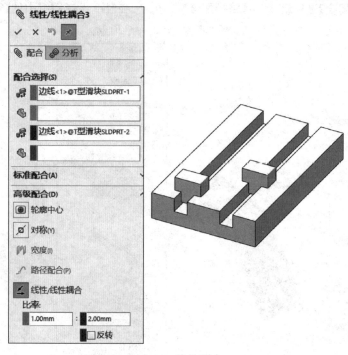

图 6-64 线性配合

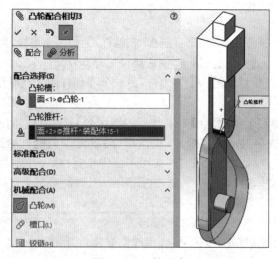

图 6-65 凸轮配合

(2)齿轮配合。控制两个回转零部件绕指定轴做相对转动。齿轮配合的有效实体包括圆柱面、圆锥面、轴和线性边线。在建立齿轮配合前,两个齿轮要解除固定状态,根据两个齿轮的中心距,添加适当配合关系确定齿轮的位置,而且两个齿轮都可以绕自己的轴线转动。

①单击【装配体】工具栏上的【配合】按钮 ◎ ,弹出【配合】属性管理器,如图 6-66 所示。

②展开【机械配合】选项组,单击【齿轮】按钮 ◎ ,在【配合选择】组中的【要配合的实体】列表框呈蓝色,处于激活状态,在图形区中先单击"小齿轮"轴孔圆柱面,再单击"大齿轮"轴孔圆柱面。

③在【比率】文本框中输入"1mm:1.5mm"。【比率】为"小齿轮"与"大齿轮"的齿数比。

④单击属性管理器上的【确定】按钮 ✓ ,完成齿轮配合。

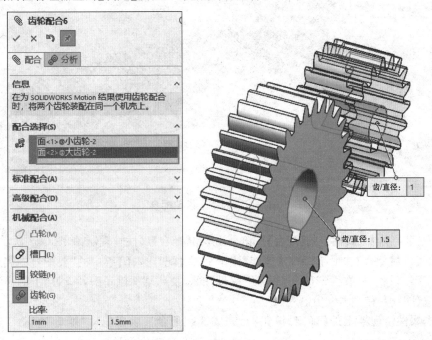

图 6-66　齿轮配合

（3）齿条小齿轮配合。控制配合的两个零部件改变相对运动方向,一个做线性平移带动另一个做圆周运动,反之亦然。用户可以配合任何两个零部件做这样的相对运动,而这些零部件不一定需要有轮齿。在【配合选择】中,要配合的实体项:齿条选择线性边线、草图直线、中心线、轴或圆柱;小齿轮/齿轮选择圆柱面、圆形或圆弧边线、草图圆或圆弧、轴或旋转曲面。

在装配体环境插入"齿条"和"小齿轮",设置为浮动,添加适当配合约束,"齿条"只做线性平移,"小齿轮"做转动和平移。根据"小齿轮"分度圆直径和"齿条"的齿距高度,确定"小齿轮"轴线与"齿条"下端面的距离。将"小齿轮"和"齿条"的草图显示出来,找到齿条第一个齿的对称中心线,和齿轮第一个齿的对称中心线,然后添加两者重合的配合,并压缩该配合。

①单击【装配体】工具栏上的【配合】按钮 ◎ ,弹出【配合】属性管理器,如图 6-67 所示。

②展开【机械配合】选项组,单击【齿条小齿轮】按钮 ◎ ,在【配合选择】组中的"要配合的实体"【齿条】列表框呈蓝色,处于激活状态,在图形区选择"齿条"沿移动方向的边线。【小齿轮/齿轮】列表框激活,选择"小齿轮"轴孔圆柱面。

③勾选【小齿轮齿距直径】,在文本框中输入"40mm"。

④单击属性管理器上的【确定】按钮 ✓ ,完成齿条小齿轮配合。

（4）螺旋配合。建立具有内、外螺纹结构的两个零部件旋合在一起的配合。配合后的运动特点是一个零件做圆周运动,另一个零件沿轴线做线性移动,反之亦然。

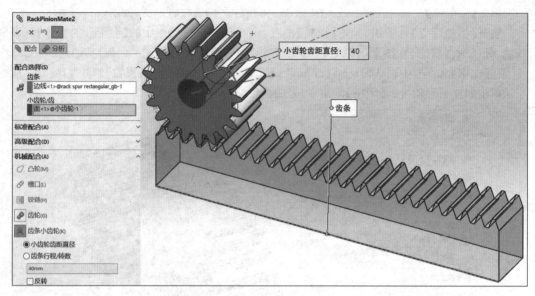

图 6-67　齿条小齿轮配合

①单击【装配体】工具栏上的【配合】按钮 📎 ，弹出【配合】属性管理器，如图 6-68 所示。

②展开【机械配合】选项组，单击【螺旋】按钮 🍢 ，在【配合选择】组中的"要配合的实体"列表框呈蓝色，处于激活状态，在图形区分别选择"螺母"的螺纹孔端面倒角圆，"丝杠"上的任意圆柱面。

③勾选【圈数】，在文本框中输入"4"。

④单击属性管理器上的【确定】按钮 ✓ ，完成螺旋配合。鼠标拖动"螺母"移动，"丝杠"随之转动。

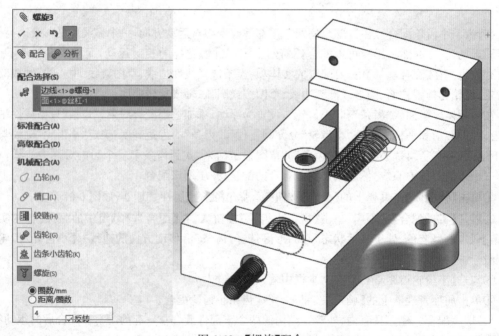

图 6-68　【螺旋】配合

6.3 装配体运动仿真

6.3.1 案例介绍和知识要点

【例6-2】 创建"千斤顶"装配体,如图6-69所示。

知识要点:
(1)"螺旋配合"的应用;
(2)创建运动算例,模拟装配体实际运动。

图6-69 千斤顶

6.3.2 操作步骤

步骤一:新建装配体文件图。

(1)新建装配体。

(2)插入第一个零件"底座",并固定。

(3)依次插入其他零件:起重螺杆、旋转杆、顶盖和螺钉,如图6-70所示。

步骤二:添加配合关系。

视频

装配体运动
仿真

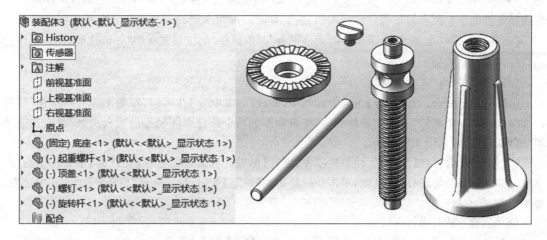

图6-70 插入零件

(1)"起重螺杆"与"底座"。

①【螺旋】配合。执行【配合】命令,弹出【配合】属性管理器,展开【机械配合】选项组,单击【螺

旋】按钮 ，勾选【圈数】，在文本框中输入"4"，在图形区分别选择"起重螺杆"的圆柱面和"底座"圆柱面，系统自动添加螺旋约束，单击属性管理器中的【确定】按钮 ✓，如图 6-71 所示。

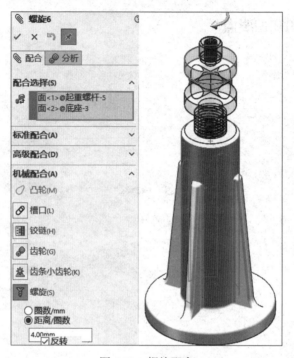

图 6-71　螺旋配合

②【限制距离】配合。在【配合】属性管理器中，展开【高级配合】选项组，单击【限制距离】按钮 ，在【最大值 】文本框内输入"90.00mm"，在【最小值 】文本框内输入"0.00mm"，在图形区依次选择底座的上端面和起重螺杆轴肩端面，系统自动添加两个面的最小距离"0"，单击属性管理器中的【确定】按钮 ✓，如图 6-72 所示。此配合限制"起重螺杆"的位移在 0~90mm 之间，用户可以拖动鼠标查看移动效果。

（2）"旋转杆"与"起重螺杆"。

①【同轴心】配合。在【配合】属性管理器中，展开【标准配合】选项组，在图形区分别单击"旋转杆"圆柱面和"起重螺杆"通孔的圆柱面，系统自动添加两个圆柱面同轴心的配合关系，单击快捷菜单的【确定】按钮，如图 6-73 所示。

②【重合】配合。在【配合】属性管理器中，展开【标准配合】选项组，在【设计树】中分别单击"起重螺杆"基准面和"旋转杆"基准面，单击快捷菜单的【确定】按钮，目的是使"旋转杆"处于居中位置，如图 6-74 所示。

（3）"顶盖"与"起重螺杆"。

①【同轴心】配合。在【配合】属性管理器中，展开【标准配合】选项组，在图形区分别单击"顶盖"的圆柱面和"起重螺杆"圆柱面，系统自动添加两个圆柱面同轴心的配合关系，单击快捷菜单的【确定】按钮，如图 6-75 所示。

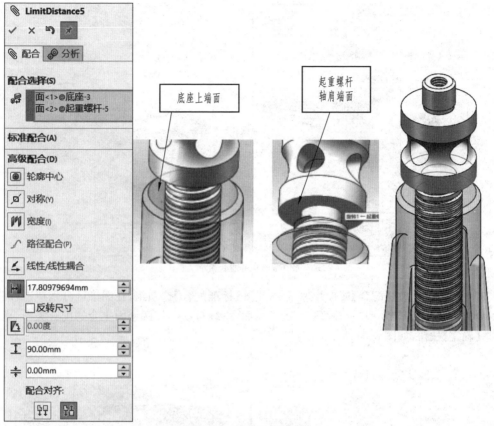

图 6-72　限制距离配合

图 6-73　同轴心配合

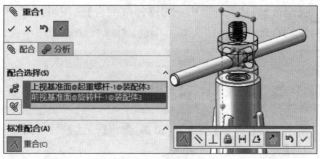

图 6-74　重合配合

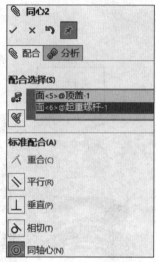

图 6-75　同轴心配合

②【重合】配合。在【配合】属性管理器中,展开【标准配合】选项组,在图形区分别单击"起重螺杆"轴肩的上端面,旋转模型,选择"顶盖"的下端面,系统自动添加两个面重合的配合关系,点击快捷菜单【确定】按钮,如图 6-76 所示。

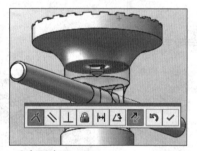

图 6-76　重合配合

（4）"螺钉"与"顶盖"

①【同轴心】配合。在【配合】属性管理器中,展开【标准配合】选项组,在图形区分别单击"顶盖"上孔的圆柱面和"螺钉"圆柱面,系统自动添加两个圆柱面同轴心的配合关系,单击快捷菜单的【确定】按钮,如图 6-77 所示。

②【重合】配合。在【配合】属性管理器中,展开【标准配合】选项组,在图形区分别单击"起重螺杆"螺纹孔的端面,旋转模型,选择"螺钉"头部下端面,系统自动添加两个面的重合关系,单击【确定】按钮,如图 6-78 所示。

步骤三:运动仿真。

（1）启动【运动算例】功能。单击【设计树】下方【运动算例 1】标签按钮,进入【运动算例】工作界面,如图 6-79 所示。

（2）添加【马达】。单击工具栏中的【马达】按钮🖢,弹出【马达】属性管理器。

①【马达类型】组勾选【旋转马达】。

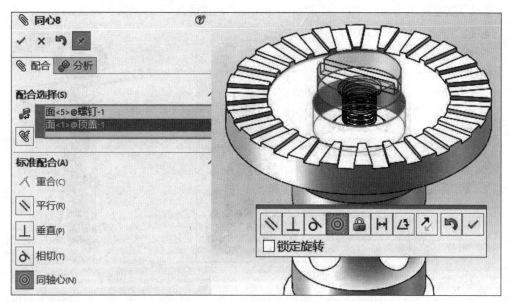

图 6-77　同轴心配合

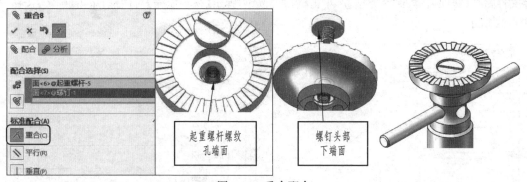

图 6-78　重合配合

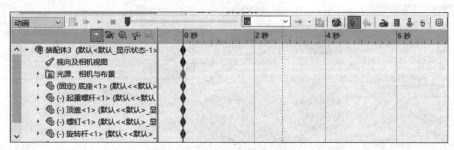

图 6-79　【运动算例】工作界面

②【零部件/方向】组中的【马达位置】列表框被激活,在图形区单击"起重螺杆"的圆柱面,【要相对此项而移动的零部件】列表框激活,在图形区单击"底座"圆柱面。

③【运动】组选项和参数可按默认设置。

④单击属性管理器中的【确定】按钮 ✓ ,如图 6-80 所示。

(3)播放。单击【播放】按钮▶,即可动画演示"千斤顶"的工作原理,旋转"旋转杆","起重螺杆"

上升,实现顶起重物的功能,如图 6-81 所示,动画演示"起重螺杆"上升到最大高度。

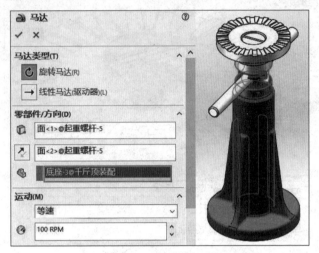

图 6-80　添加马达　　　　　　　　　　图 6-81　动画演示

　　(4)保存动画。单击【保存动画】按钮▤,弹出【保存动画到文件】对话框,用户根据需要设置保存文件路径、文件名称、保存类型等,单击【保存】按钮,弹出【视频压缩】对话框,单击【确定】按钮,如图 6-82 所示。

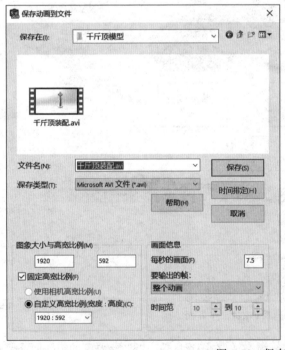

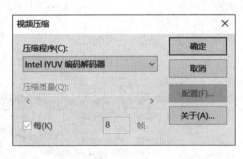

图 6-82　保存动画

　　步骤四:保存装配体文件。

　　单击快速访问工具栏的【保存】按钮▤,弹出【另存为】对话框,设置存盘路径、文件名称、保存类型等,单击【确定】按钮,完成保存文件。

6.3.3　知识拓展

在 SolidWorks 中,通过运动算例功能可以快速、简洁地完成机构的仿真运动及动画设计。运动算例可以模拟图形的运动及装配体中部件的直观属性,它可以实现装配体运动模拟、物理模拟以及 COSMOSMotion,并可以生成基于 Windows 的 avi 视频文件。

在运动仿真和动画过程中,装配体的配合约束非常重要。只有在装配体中添加了正确的配合约束,才能达到想要仿真或动画的效果。

装配体运动模拟是通过添加马达来驱动装配体一个或多个零件的运动,或者决定装配体在不同时间的外观。使用设定键码点在不同时间规定装配体零部件的位置。动画使用插值来定义键码点之间装配体零部件的运动。

物理模拟用于模拟装配体上的某些物理特性效果,包括模拟马达、弹簧、阻尼及引力在装配体上的效应,物理模拟在计算运动时考虑到质量。

COSMOSMotion 能够在装配体上精确地模拟和分析,并输出模拟单元(力、弹簧、阻尼、摩擦等)在装配体上的效应,它是更高一级的模拟。运动分析使用计算能力强大的动力求解器,在计算中需要考虑到材料属性和质量及惯性。还可使用运动分析来标绘模拟结果供进一步分析。

本教材通过案例,主要讲解装配体运动的模拟,装配体运动可以完全模拟各种机构的运动仿真及动画,用来表达装配体的工作原理、零部件组成和产品的演示。

1. 动画向导

(1)动画旋转

单击【运动算例】工具栏上的【动画向导】按钮 ,弹出【选择动画类型】对话框,如图 6-83(a)所示。选择【旋转模型】选项,如果需要删除现有的动画序列,可以勾选【删除所有的现有路径】复选框;单击【下一步】按钮,弹出【选择-旋转轴】对话框,用户根据需要进行选择和设置,如图 6-83(b)所示。单击【下一步】按钮,弹出【动画控制选项】对话框,在【时间长度】文本框中输入"10",在【开始时间】文本框中输入"0",单击【完成】按钮,如图 6-83(c)所示。单击【运动算例】工具栏上的【播放】按钮▶,即可演示动画旋转。

(2)动画爆炸和解除爆炸视图

若想使用动画向导爆炸和解除爆炸视图,需要在装配体环境创建好爆炸视图。执行【动画向导】命令后,在弹出的【选择动画类型】对话框中选择【爆炸】或者【解除爆炸】选项,在下一步中设置【时间长度】和【开始时间】,单击【完成】按钮。单击【运动算例】工具栏上的【播放】按钮▶,即可演示动画爆炸或解除爆炸视图。

2. 基于相机的动画

与以"装配体原点"生成的所有动画相同,基于相机的动画需要定义相机属性,包括相机的位置、视野、滚转和目标点位置等。用户设定动画通过相机视图显示,生成绕模型移动相机的键码点,可以生成相机移向模型的简单动画,或者通过包括沿 Y 和 Z 轴的移动生成更多的复杂动画。

3. 基于驱动零部件的动画

(1)线性马达

线性马达模拟线性作用力,零部件移动的速度与其质量无关。当有外部作用力,如零部件之间的碰撞,而使物体改变时,此线性作用力也会随之发生改变。其方向是根据零部件上的线、面或者基准辅助面确定的。线性马达不仅可以添加在实体表面上,也可以添加在辅助面上。

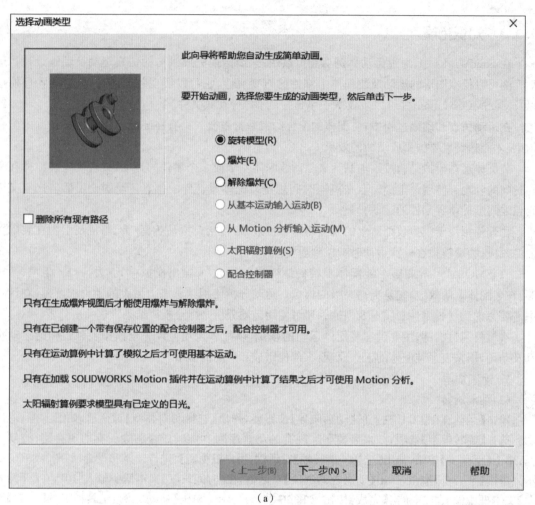

（a）

（b）

图 6-83　动画旋转设置

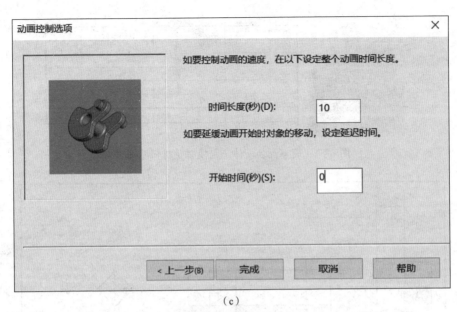

（c）

图 6-83 动画旋转设置（续）

（2）旋转马达

旋转马达模拟旋转力矩的作用，零部件旋转的速度与其质量无关。

（3）线性弹簧

线性弹簧模拟弹性力的作用。线性弹簧的一个端点必须位于零部件以外，另一个必须在零部件上。线性弹簧使零部件向弹簧到达其自由高度的点移动，一旦弹簧到达自由高度，零部件的运动将停止。如果零部件上有多个弹簧，则零部件将在多个弹簧到达平衡的点时停止运动。

马达的运动优先于弹簧的运动。零部件受弹簧控制，其移动速度与其质量特性有关。

（4）引力

所有零部件无论其质量如何都在引力作用下以相同速度移动。马达的运动优先于引力的运动。引力的作用也可以用线性马达代替。

6.4 上 机 练 习

1. 根据旋塞阀零件图，建立各零件的三维模型。在装配体环境下，创建旋塞阀装配体及其爆炸视图。

旋塞阀工作原理：如图 6-84 所示，用扳手转动阀杆的方头，使阀杆上 ϕ15mm 孔的轴线与阀体两侧的孔轴线同轴，此时该阀处于开通状态。当转动阀杆，其上孔的轴线与阀体中孔的轴线垂直时，阀处于关闭状态。为了防止泄露，在阀杆和阀体间填充填料（石棉绳），并用压盖压紧（填料压紧后的高度约为 12mm），压紧后要求达到密封可靠且阀杆转动灵活，用于控制液体管路系统的开关。

旋塞阀各零件的零件图如图 6-85 所示。

2. 根据平口钳零件图，建立各零件的三维模型。在装配体环境，创建平口钳装配体及其爆炸视图。

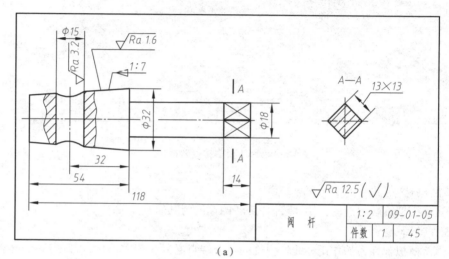

6		阀　体	HT200	1	
5		阀　杆	45	1	
4		垫　圈	Q235	1	
3		填　料	石棉绳	1	
2		压　盖	Q235	1	
1	GB/T65-2016	螺　钉	Q235	2	
序号	代　号	名　称	材料	数量	备注

图 6-84　旋塞阀装配体三维模型及材料明细表

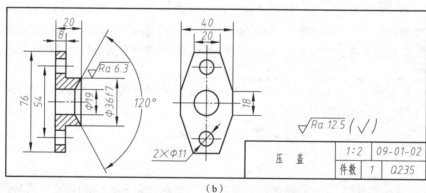

图 6-85　旋塞阀零件图

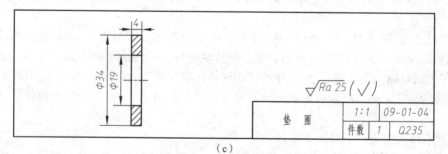

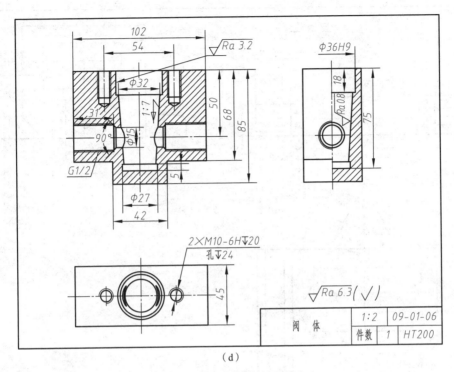

图 6-85　旋塞阀零件图(续)

工作原理:如图 6-86 所示,平口钳是机床上用来夹紧工件进行加工的一种常用夹具。当转动丝杠时,丝杠带动方形螺母使活动钳身沿固定钳身做直线运动,从而开闭钳口,达到夹持工件的目的。

平口钳各零件图如图 6-87 所示。

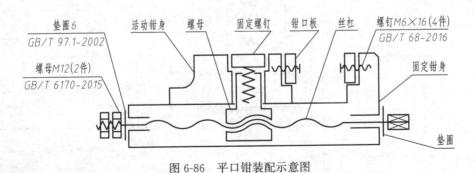

图 6-86　平口钳装配示意图

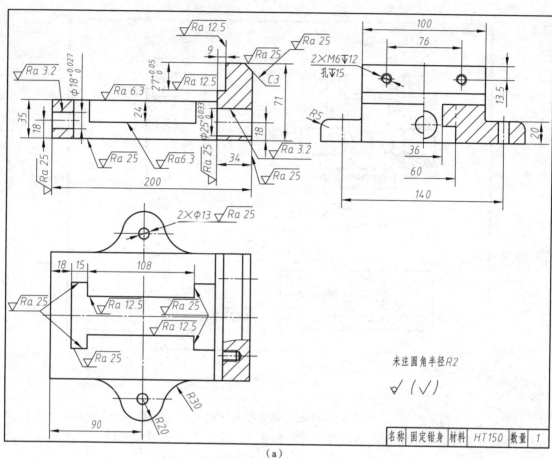

（a）

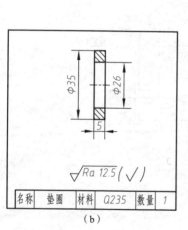

（b）

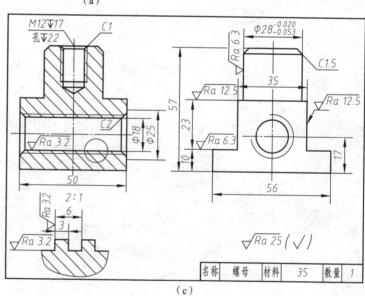

（c）

图 6-87　平口钳零件图

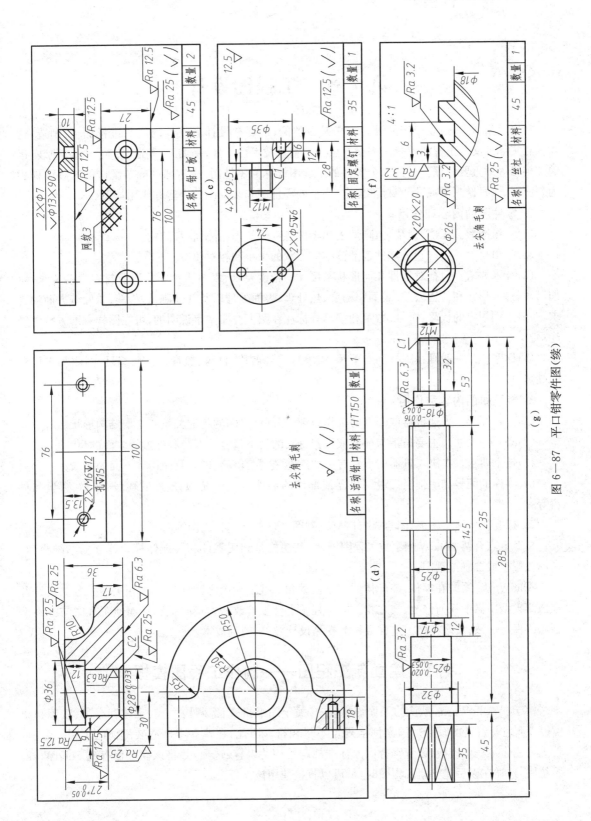

图 6—87 平口钳零件图（续）

第7章 工程图设计

在实际生产中,仅仅把产品设计出来是不够的,还要把设计者设计的产品进行加工、制造,这才具有实际意义。工程图就是用来指导生产的重要技术性文件,是加工、制造、安装、检验、包装、运输和维修等的重要依据。表达单个零件的工程图样称为零件图,表达部件或装配体的工程图样称为装配图。《机械制图》的国家标准规定,完整的零件图和装配图的内容和作用如下。

1. 零件图的内容和作用

(1)一组图形。正确、完整、清晰地表达零件各部分的内、外形状和结构。

(2)一组尺寸。用以确定零件各部分结构形状的大小和相对位置。

(3)技术要求。包括对零件几何形状及尺寸的精度要求、表面质量要求以及材料性能要求等,如尺寸公差、形状和位置公差、表面粗糙度、热处理、表面处理以及其他制造、检验、试验等方面的要求,一般采用规定的代号、符号、数字和字母等标注在图上。需文字说明的,可在图样右下方空白处注写。

(4)标题栏。一般画在图框的右下角,需填写零件名称、材料、数量、比例、编号、制图和审核者的姓名、日期等。

2. 装配图的内容和作用

(1)一组图形。表达机器或部件的工作原理、零部件之间的装配关系和主要结构形状。

(2)必要的尺寸。主要是指与部件或机器有关的规格、装配、安装和外形等方面的尺寸。

(3)技术要求。提出与机器或部件有关的性能、装配、检验、试验及使用等方面的要求。

(4)零件的编号和明细栏。说明机器或部件的零件组成情况,如零件的代号、名称、数量和材料等。

(5)标题栏。填写图名、图号、设计单位、制图、审核、日期和比例等。

本章重点介绍 SolidWorks 的工程图模块,其功能是利用零件和装配体模块建立的三维模型,自动投影生成二维工程图。

SolidWorks 系统在零件、装配体的三维模型和二维工程图之间建立了全相关的关系。设计者在三维模型中做的任何修改,与之相关的工程图也会随着改变,自动更新,从而使工程图与三维模型始终保持一致;反之亦然。这样会大大提高设计效率,节约成本。

7.1 建立新工程图——制作工程图模板

由于在 SolidWorks 默认的工程图模板中,关于图纸格式、标题栏样式、字体和字高、线型和线宽以及尺寸标注等与现行的国家标准规定不尽相符。因此,在建立零件或装配体的工程图之前,首先要制作工程图模板,设置符合国家标准规定的相关内容、选项,并将该模板保存到 SolidWorks 系统中,这样在以后建立新工程图时,就可以直接使用该模板。

7.1.1 案例介绍和知识要点

【例 7-1】 在工程图环境中,制作图 7-1 所示的 A3 工程图模板。

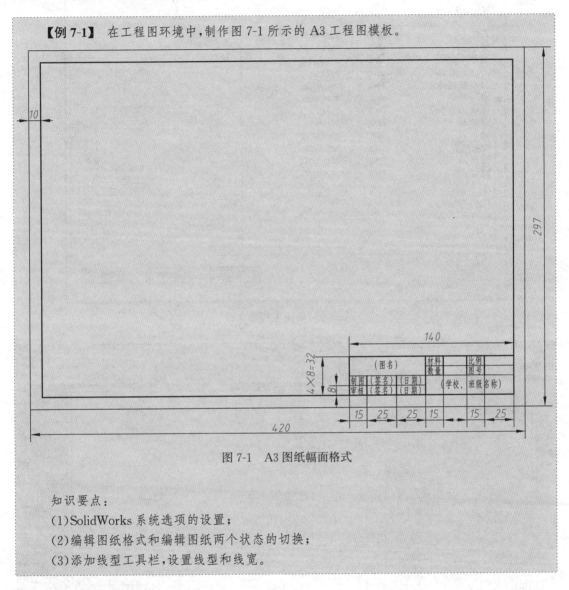

图 7-1 A3 图纸幅面格式

知识要点:
(1)SolidWorks 系统选项的设置;
(2)编辑图纸格式和编辑图纸两个状态的切换;
(3)添加线型工具栏,设置线型和线宽。

7.1.2 操作步骤

视频 ●----

步骤一:新建工程图模板。

(1)进入【工程图】环境。单击【快速访问】工具栏的【新建】按钮 ,弹出【新建 SolidWorks 文件】对话框,单击【高级】按钮,弹出图 7-2 所示"新建 SolidWorks 文件" 高级模板对话框,选择【gb_a3】图标,单击【确定】按钮。

步骤一:新建
工程图模板

进入【工程图】环境,先单击左侧【模型视图】属性管理器的【取消】按钮 × ,再 单击【前导视图工具栏】的【整屏显示全图】按钮 ,如图 7-3 所示,进入 SolidWorks 工程图环境。

(2)设置工程图系统选项。SolidWorks 为用户提供的系统选项设置的项目有很多,包括零件

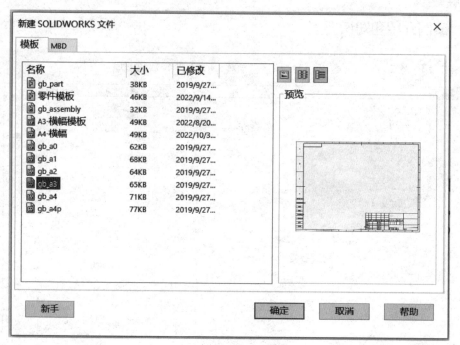

图 7-2　新建工程图文件

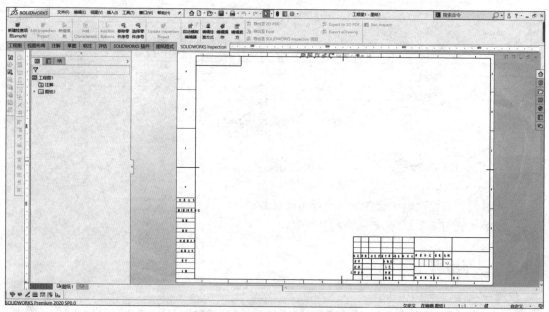

图 7-3　SolidWorks 工程图环境

模块、装配体模块和工程图模块,本节只介绍针对《机械制图》国家标准规定的与工程图相关的项目设置。

①【系统选项卡】设置。单击【快速访问】工具栏的【选项】按钮,弹出【系统选项】对话框,在【系统选项】选项卡中单击【工程图】→【显示类型】子项目,其右侧设置选项如图 7-4 所示。单击【显示】按钮,其右侧设置选项如图 7-5 所示。

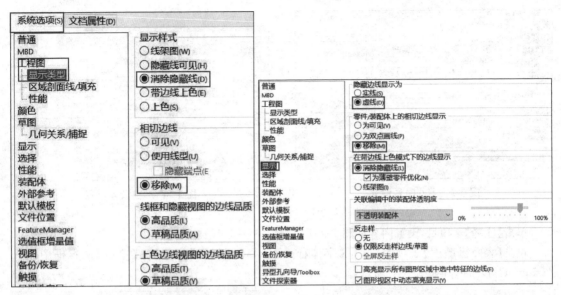

图 7-4 显示类型设置　　　　　　　图 7-5 显示设置

②【文档属性】选项卡设置。

a.【注解】父项目设置。单击【系统选项】对话框中的【文档属性】选项卡,单击【注解】→【字体】按钮,在【选择字体】对话框的【高度】→【单位】文本框输入"5.00mm",单击【确定】按钮,如图 7-6所示。

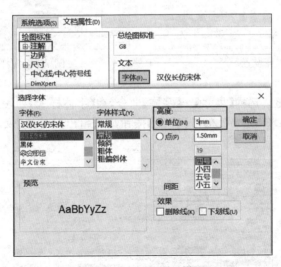

图 7-6 注解父项目设置

展开【注解】父项目,依次设置其子项目,主要设置内容包括:线宽、字体样式及子项目所在图层等。

单击【零件序号】子项目,其中【字体样式】选择【倾斜】,设置内容如图 7-7 所示。

单击【形位公差】子项目,其中【字体样式】选择【倾斜】,设置内容如图 7-8 所示。

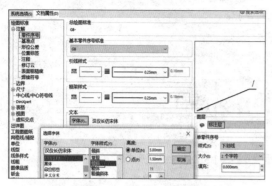

图 7-7　零件序号设置

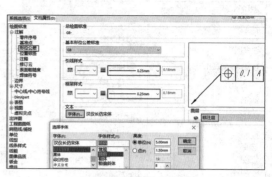

图 7-8　形位公差设置

单击【注释】子项目,设置内容如图 7‐9 所示。

单击【表面粗糙度】子项目,其中【字体样式】选择【倾斜】,【高度】→【单位】文本框中输入"3.50mm",设置内容如图 7-10 所示。

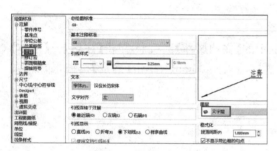

图 7-9　注释设置

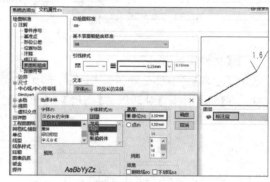

图 7-10　表面粗糙度设置

b.【尺寸】父项目设置。选择【尺寸】→【字体】命令,在【字体样式】列表选择【倾斜】选项,在【高度】→【单位】文本框输入"3.50mm",单击【确定】按钮,在【超出尺寸线】文本框输入"3.00mm",如图 7-11 所示。

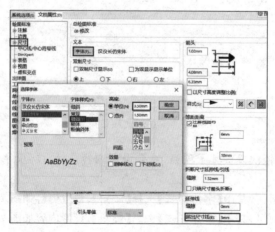

图 7-11　尺寸父项目设置

　　展开【尺寸】父项目，依次单击子项目，分别进行设置。设置内容包括：线宽、子项目所在图层及文字对齐方式等。

　　单击【角度】子项目，设置如图 7-12 所示。

　　单击【倒角】子项目，设置如图 7-13 所示。

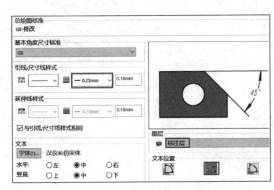

图 7-12　角度设置

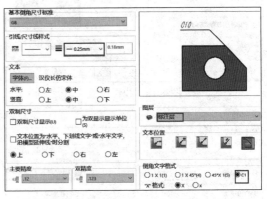

图 7-13　倒角设置

　　单击【直径】子项目，设置如图 7-14 所示。

　　单击【孔标注】子项目，设置如图 7-15 所示。

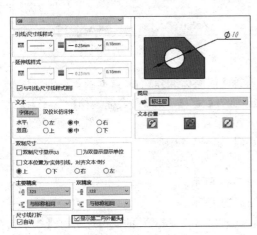

图 7-14　直径设置

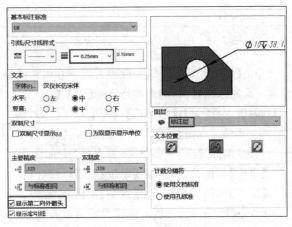

图 7-15　孔标注设置

　　单击【线性】子项目，设置如图 7-16 所示。

　　单击【半径】子项目，设置如图 7-17 所示。

　　单击【中心线/中心符号线】子项目，设置如图 7-18 所示。

　　c.【视图】父项目设置。选择【视图】→【字体】命令，在【字体样式】列表选择【倾斜】选项，在【高度】→【单位】文本框输入"5.00mm"，单击【确定】按钮，如图 7-19 所示。

　　展开【视图】父项目，依次单击子项目，分别进行设置。设置内容包括：线宽、子项目所在图层及视图标注形式和内容。

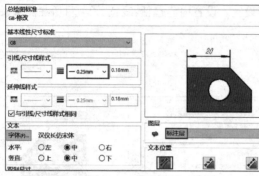

图 7-16　线性设置

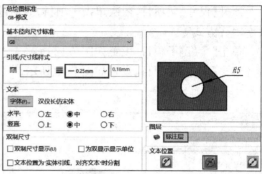

图 7-17　半径设置

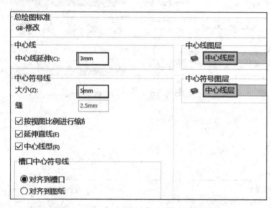

图 7-18　中心线/中心符号线设置

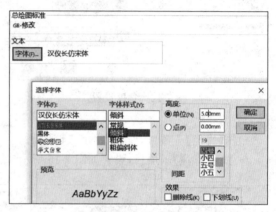

图 7-19　视图父项目设置

单击【辅助视图】子项目,除设置线宽和所在图层外,将【依照标准】前面复选框的勾取消。依次设置下面的选项:【名称】列表框选择【无】;【标号】列表框选择【X】;【旋转】列表框选择【⌒××°】;【比例】列表框选择【无】;【定义符】列表框选择【无】,如图 7-20 所示。

单击【局部视图】子项目,设置内容与【辅助视图】类似,如图 7-21 所示。

单击【剖面视图】子项目,设置内容与【辅助视图】类似,如图 7-22 所示。

【单位】项目设置。单击【单位】项目,设置内容如图 7-23 所示。

【线型】项目设置。单击【线型】项目,设置内容如图 7-24 所示。

【线条样式】项目设置。该项设置可以调整"虚线""点画线"和"中心线"的线型比例,在【线条长度和间距值】文本框中输入适当的值,即可控制"画"的长度和"画与画"之间的距离,如图 7-25 所示,为虚线的设置。

至此,工程图系统选项设置基本完成,单击【文档属性】对话框的【确定】按钮,回到图 7-3 所示的工程图环境。在实际应用过程中,用户可根据需要设置其他项目,这里不再赘述。

● 视频

绘制A3图纸
格式及保存
模板

步骤二:绘制 A3 图纸格式。

(1)删除系统默认的 A3 图纸格式。在图纸空白位置右击,在弹出的快捷菜单中单击【编辑图纸格式】按钮,如图 7-26 所示,切换到编辑图纸格式状态。框选当前图纸中所有对象,右键单击【删除】按钮或按【Delete】键,删除所选对象,得到一张空白的 A3 图纸。

图 7-20　辅助视图设置

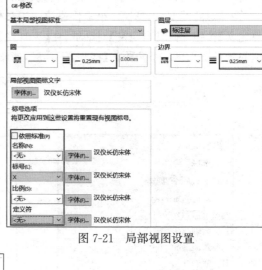

图 7-21　局部视图设置

图 7-22　剖面视图设置

图 7-23　单位设置

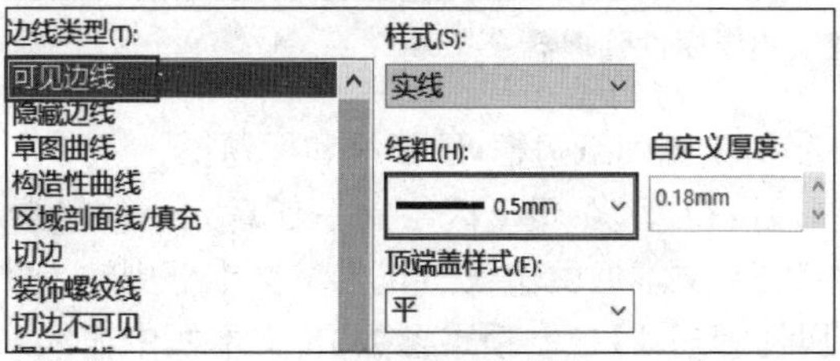

图 7-24　线型设置

图 7-25　线条样式设置

说明：SolidWorks 工程图环境有两个相对独立的部分，即【图纸格式】状态和【图纸】状态。在编辑【图纸格式】状态下，可以对图纸的边框、图框线及标题栏进行编辑，而模型的视图不显示。在编辑【图纸】状态下，模型视图和图纸格式虽然都显示，但只能编辑模型视图，不能编辑图纸格式。单击鼠标右键的快捷菜单中，【图纸格式】状态和【图纸】状态可以随时切换。

（2）添加【线型】工具栏。单击快速访问工具栏【选项】按钮旁边的倒三角，在展开的列表中单击【自定义】按钮，弹出【自定义】对话框，在【工具栏】选项卡列表中，向下拖动滚动条，勾选【线型】复选框，系统在图形区左下角添加【线型】工具栏，如图 7-27 所示。

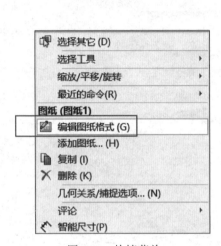

图 7-26　快捷菜单

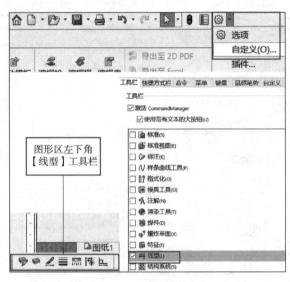

图 7-27　添加线型工具栏

（3）编辑【图层】。单击【线型】工具栏的【图层属性】按钮 ◈，弹出【图层】属性管理器，可以将名称是数字的图层全部删除，将保留的图层颜色均设置为【黑色】，编辑结果如图 7-28 所示，单击【确定】按钮。

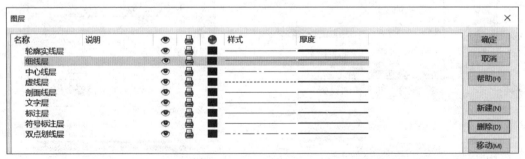

图 7-28　图层属性管理器

（4）按照图 7-1 所示的图纸幅面格式和尺寸，绘制图纸边框、图框线和标题栏。

①绘制边框。单击【草图】工具栏中【矩形】按钮 ▢，在图形区绘制一任意大小的矩形，单击矩形的左下角点，在属性管理器中【控制顶点参数】X 文本框中输入"0.00"，Y 文本框中输入"0.00"，单击【固定】按钮 ▣。单击矩形的右上角点，在属性管理器【控制顶点参数】X 文本框中输入"420.00"，Y 文本框中输入"297.00"，单击【固定】按钮 ▣，如图 7-29 所示。

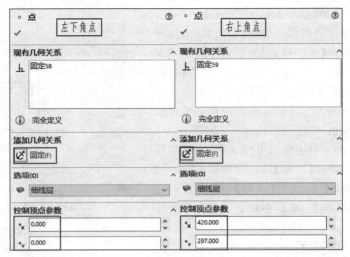

图 7-29　固定矩形角点

②绘制图框线。执行【等距实体】命令，对图纸边框做向内等距 10mm 的操作，框选内侧矩形线框，在属性管理器的【选项】组【图层】列表框中选择"轮廓实线层"，将图框线设置为"粗实线"，如图 7-30 所示。

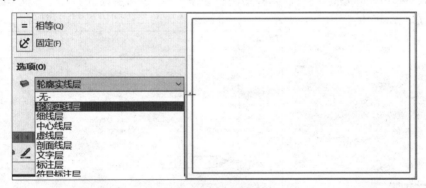

图 7-30　绘制图框线

③绘制标题栏并注写文本。按照图 7-1 所示标题栏的格式和尺寸，利用【草图】命令，添加几何关系和智能尺寸标注等，在图框右下角绘制标题栏。

隐藏尺寸。框选所有尺寸，或按【Ctrl】键单击需要隐藏的尺寸，将鼠标指针移动到任意一个尺寸上，右键弹出快捷菜单，单击【隐藏】按钮，如图 7-31 所示。

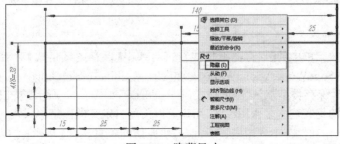

图 7-31　隐藏尺寸

填写标题栏。单击【注解】工具栏中的【注释】按钮，弹出【注释】属性管理器。先在【引线】组中选择【无引线】按钮，然后在【文字格式】组中选择【居中】和【中间对齐】按钮。将输入框移动到标题栏的空格内，单击鼠标左键，弹出【格式化】工具栏，在文本框中输入文字，如图 7-32 所示，在图形区任意位置单击鼠标左键，完成第一个空格的文字注写。

依次在标题栏的空格中注写其他文字，完成标题栏中的文字注写后，单击【注释】属性管理器的【确定】按钮 ✔，或者按【ESC】键，结束【注释】命令。用户可以根据需要，在【格式化】工具栏中设置当前文字的样式、字高等。

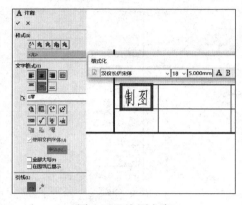

图 7-32　注写文字

步骤三：切换到【图纸】状态。

鼠标指针在图纸空白位置右击，在弹出的快捷菜单中单击【编辑图纸】按钮，如图 7-33 所示，切换到编辑图纸状态。

步骤四：保存工程图模板。

单击快速访问工具栏的【保存】按钮，弹出【另存为】对话框，先展开【保存类型】列表，选择【工程图模板（*.drwdot）】的文件类型，存盘路径为系统默认，无须设置。文件名设为【A3－横幅模板】，单击【保存】按钮，如图 7-34 所示，完成 A3 图纸幅面的工程图模板制作和保存。

图 7-33　切换编辑图纸状态

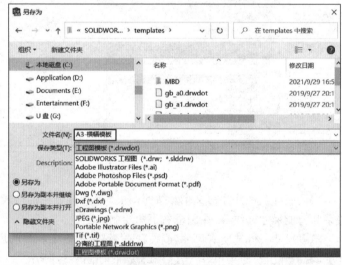

图 7-34　保存工程图模板

步骤五：保存图纸格式。

单击【文件】下拉菜单中的【保存图纸格式】按钮，弹出【保存图纸格式】对话框，指定存盘路径"C:\ProgramData\SolidWorks\SolidWorks 2020\lang\Chinese-Simplified\sheetformat"，文件名"A3－横幅.slddrt"，保存类型默认"图纸格式（*.slddrt）"，如图 7-35 所示，单击【保存】按钮。

此项操作的目的是在建立多张图纸时，用户可以使用自定义的图纸格式。

说明：当用户制作和保存工程图模板后，单击快速访问工具栏的【新建】按钮，在弹出的"新建 SolidWorks 文件"高级模板对话框中，就会出现用户自定义的工程图模板，如图 7-36 所示。

模板的创建,用户可以省去每次新建工程图都需要进行系统选项设置的工作,为用户节省时间,提高工作效率。其他图纸幅面的模板,用户只需对已经自定义的模板做另存,修改新的图纸幅面尺寸即可。

图 7-35　保存图纸格式　　　　　　　　图 7-36　用户自定义的模板

7.1.3　知识拓展

图纸格式和模板文件的区别如下。

(1)文件类型:二者的后缀名不同。

工程图模板文件后缀名为"＊.drwdot";图纸格式后缀名为"＊.slddrt"。

(2)设置内容不同。

工程图模板主要决定工程图绘图标准、单位、标注样式、线型、线宽等信息。是对工程图环境进行设置,设置的主要内容在【工具】→【选项】→【文档属性】中。

图纸格式决定了图纸幅面大小、图框和标题栏样式、标题栏属性链接。绘制图纸边框、图框线和标题栏以及设置投影方式等都是在图纸格式中进行。

(3)默认存盘路径不同。

工程图模板存盘默认路径:C:\ProgramData\SolidWorks\SolidWorks 2020\templates\gb_a3.drwdot

图纸格式存盘默认路径:C:\ProgramData\SolidWorks\SolidWorks 2020\lang\chinese－simplified\sheetformat

(4)作用不同。

工程图模板:在新建工程图时首先要选择系统默认的或用户自定义的工程图模板,才能进入工程图环境。

图纸格式:一是在工程图环境中,可以通过属性选择其他图纸幅面的格式,来调整当前图纸幅面的大小和格式。二是在当前工程图环境中,添加新的图纸时,根据需要选择自定义的图纸格式。

一般情况,工程图模板可以只制作一个,但图纸格式最好是建立从 A0-A4 包括横幅和竖幅的全套格式。

视频 ●┄┄┄

7.2　创建三维模型的视图

视图主要用于表达机件的外部结构和形状。

创建三维
模型的视图

7.2.1 案例介绍和知识要点

【例 7-2】 创建模型的六个基本视图及轴测图,如图 7-37 所示。

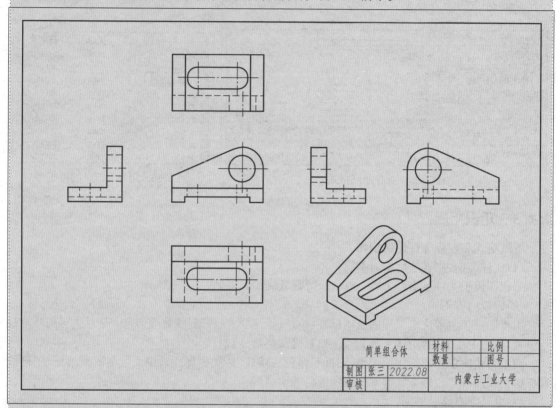

图 7-37 基本视图及轴测图

【例 7-3】 创建模型的向视图,如图 7-38 所示。

【例 7-4】 创建模型的局部视图和斜视图,如图 7-39 所示。

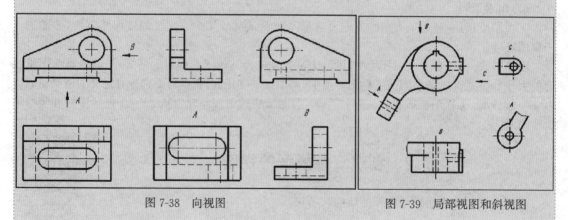

图 7-38 向视图　　　　　　　图 7-39 局部视图和斜视图

知识要点：

(1)复制和建立多张工程图；

(2)创建机件的表达方法——视图；

(3)添加视图标注。

7.2.2　操作步骤

步骤一：创建基本视图及轴测图。

(1)新建工程图。单击快速访问工具栏的【新建】按钮，在弹出的"新建 SolidWorks 文件"高级模板对话框中，单击自定义的"A3－横幅"工程图模板，如图 7-36 所示，单击【确定】按钮。

(2)打开三维模型。系统进入工程图环境，自动弹出【模型视图】属性管理器，单击【浏览】按钮，弹出【打开】对话框，找到创建工程图的三维模型，单击【打开】按钮，如图 7-40 所示。

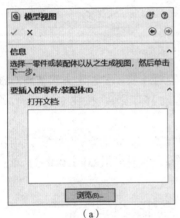　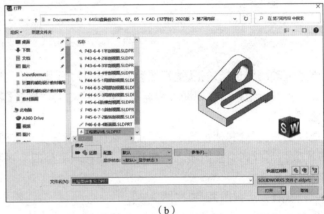

（a）　　　　　　　　　　　　　　　（b）

图 7-40　打开模型

(3)利用【模型视图】方式添加视图，如图 7-41 所示。

①在【模型视图】属性管理器中，【方向】组的【标准视图】按钮区，单击【右视】按钮，将【右视】投影方向作为该模型的【主视图】方向，勾选【预览】复选框。

②将鼠标移动至图纸区，即可预览【主视图】图形。单击鼠标左键，将【主视图】放置在图纸区的合适位置，添加【主视图】。

③拖动鼠标至【主视图】正右方，单击鼠标，添加【左视图】。

④拖动鼠标至【主视图】正左方，单击鼠标，添加【右视图】。

⑤拖动鼠标至【主视图】正下方，单击鼠标，添加【俯视图】。

⑥拖动鼠标至【主视图】正上方，单击鼠标，添加【仰视图】。

⑦拖动鼠标至【主视图】"左上方""左下方""右上方"或"右下方"，可以添加四个不同视角的轴测图，本例选择【主视图】"左上方"视角的轴测图。单击属性管理器中的【确定】按钮，完成【模型视图】的操作。

说明：①由于创建模板时，系统选项设置了隐藏线不可见，所以添加的视图中虚线不显示。要显示视图中的虚线，单击某一个视图，在图纸区左侧该视图的属性管理器中，【显示样式】组单击【隐藏线可见】按钮，即可显示虚线。

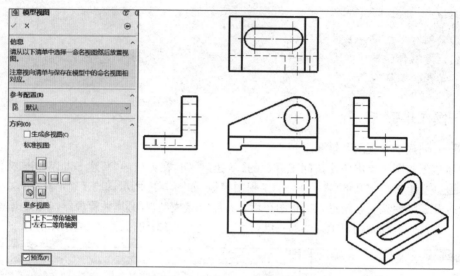

图 7-41　模型视图方式添加视图

②本例轴测图选择的是【主视图】"左上方"视角,其初始位置在【主视图】"左上方",需要对轴测图移动。将鼠标指针落在视图边界轮廓上,指针右下方出现【移动】标记,按住左键拖动,即可移动视图。

③除轴测图外,其他视图之间系统默认保持"对齐关系",即"长对正、高平齐、宽相等"。当移动【主视图】时,另外四个视图随之一起移动。而移动另外四个视图之一,只能沿与【主视图】非对齐方向移动。

(4)利用【投影视图】添加视图。

①单击【视图布局】工具栏上的【投影视图】按钮。

②单击【左视图】,鼠标拖至【左视图】正右方,单击,添加【后视图】。

完成【例7-2】创建基本视图和轴测图,右击【设计树】下方的【图纸1】标签,在快捷菜单中选择【重新命名】命令,改为【基本视图】,如图7-42所示。

图 7-42　重新命名图纸

步骤二:创建向视图。

向视图是指六个基本视图不按投影关系配置,可以自由配置的视图。

(1)复制图纸。在当前工程图中,右击【设计树】下方【基本视图】标签,在快捷菜单中选择【复制】命令,然后再次右击【基本视图】标签,在快捷菜单中选择【粘贴】按钮,复制出【基本视图2】图纸标签,将该图纸【重新命名】为【向视图】。

(2)删除视图。单击【轴测图】按钮,按【Delete】键删除轴测图。

(3)解除视图对齐关系。右击【仰视图】,在快捷菜单中选择【视图对齐】→【解除对齐关系】命令,如图7-43所示,即可移动【仰视图】至合适位置。此时【仰视图】为自由配置,称为【向视图】。

(4)添加向视图标注。单击移动后的【仰视图】,在该视图的属性管理器中勾选【箭头】复选框,在【标号】文本框中输入"A",如图7-44所示。在图纸区拖动箭头和标号至合适位置,完成向视图标注。

(5)对【右视图】重复(3)、(4)步的操作,【标号】设为"B",改为 B 向视图,完成【例 7-3】向视图的创建。

图 7-43　解除视图对齐关系

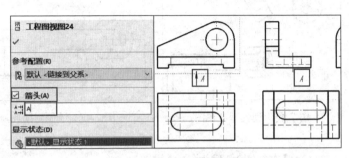

图 7-44　向视图标注

步骤三:创建局部视图。

(1)新建图纸。在当前工程图中,单击【设计树】下方【添加图纸】标签 ,弹出【图纸格式/大小】对话框,取消【只显示标准格式】前面的复选框,在格式列表中找到用户自定义的【图纸格式】,单击【确定】按钮,如图 7-45 所示。重新命名【图纸 2】,改为【局部视图和斜视图】。

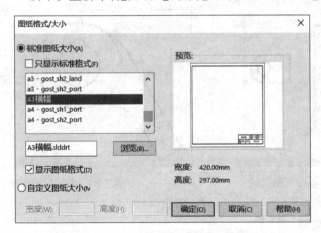

图 7-45　添加图纸

(2)创建模型的基本视图。单击【视图布局】工具栏上的【模型视图】按钮 ,单击属性管理器的【浏览】按钮,找到三维模型,创建该模型的【主视图】、【俯视图】和【右视图】,如图 7-46 所示。

(3)将【俯视图】创建为【局部视图】。

①单击【草图】工具栏上的【样条曲线】按钮 Ⅳ,在【俯视图】上绘制一个封闭的曲线轮廓,如图 7-47 所示,单击【样条曲线】属性管理器的【确定】按钮。

②选中该封闭轮廓,单击【视图布局】工具栏上的【裁剪视图】按钮 ,创建出【俯视图】的【局部视图】,如图 7-48 所示。

③添加视图标注,标号为【B】。

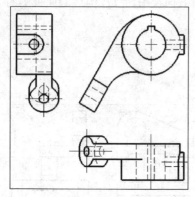
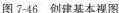
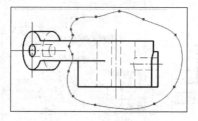
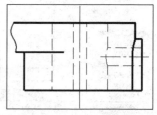

图 7-46　创建基本视图　　　　图 7-47　绘制封闭轮廓　　　　图 7-48　裁剪视图

（4）将【右视图】创建为【局部视图】。

①选中【右视图】，右击，在弹出的快捷菜单上方单击【隐藏/显示边线】按钮🖼，按【Shift】键框选全部【右视图】轮廓，然后按【Alt】键框选【U形凸台】轮廓，如图 7-49 所示，单击【确定】按钮，隐藏被选中颜色改变的边线。

②将创建的【U形凸台】局部视图移动到【主视图】右侧，添加视图标注，标号为"C"，如图 7-50 所示。

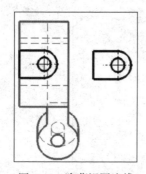
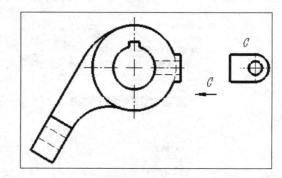

图 7-49　隐藏视图边线　　　　　　图 7-50　添加视图标注

步骤四：创建斜视图。

（1）单击【视图布局】工具栏上的【辅助视图】按钮👉，单击【主视图】倾斜结构的【边线】，系统自动投影生成倾斜结构的【斜视图】，并添加视图标注。单击左键将【斜视图】放置在合适位置，如图 7-51 所示。

（2）裁剪【斜视图】，只保留需要表达的部分。操作过程与创建【俯视图】的【局部视图】相同。执行绘制【样条曲线】命令，在【斜视图】上绘制一个封闭轮廓，完全包围需要表达的部分，再执行【裁剪视图】命令，创建【斜视图】的局部，如图 7-52 所示。

（3）解除【斜视图】的对齐关系，移动各视图及视图标注至合适位置，完成【例 7-4】【局部视图】和【斜视图】的创建。

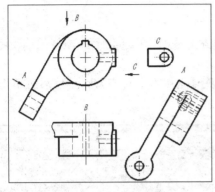

图 7-51 创建斜视图

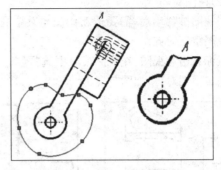

图 7-52 裁剪视图

步骤五:保存工程图文件。

单击快速访问工具栏上的【保存】按钮 📳,弹出【另存为】对话框,设置存盘路径,文件名和保存类型,如图 7-53 所示。

图 7-53 保存工程图文件

说明:工程图文件的后缀名为"＊.slddrw";工程图模板文件后缀名为"＊.drwdot";图纸格式后缀名为"＊.slddrt",用户在新建和保存时要注意区分不同的文件类型。

7.2.3 知识拓展

1. 复制和添加图纸

从上面的案例可以看到,对于一个工程图文件,可以包含多张图纸。用户在进行工程图设计时,先创建一张总装图,然后添加对应零件的零件图,便于图纸的查找和管理。

图纸复制的操作还可以按住【Ctrl】键,拖动需要复制的图纸标签,实现复制。

新添加的图纸默认使用前一个图纸的图纸格式。

2. 视图标注

(1)六个基本视图——按投影关系配置,无须标注视图名称。

(2)向视图——由于向视图是可自由配置的基本视图,所以必须标注视图名称和投影方向的箭头,投影方向的箭头尽量配置在主、左视图上。

(3)局部视图——按基本视图投影关系配置的局部视图无须标注,按向视图配置的局部视图必须进行标注。

(4)斜视图——必须进行标注。

3. 修改视图

(1)移动视图

将鼠标指针落在视图边界轮廓上,鼠标指针右下方出现【移动】标记 📲,按左键拖动,即可移动视图到任意位置。如果被移动的视图与其他视图之间有对齐或约束关系,需要先【解除对齐关系】,

再进行移动。

（2）视图对齐

当视图被移动后，需要重新添加与某个视图的对齐关系，如图 7-54 所示，右视图移动后，需要与主视图重新对齐。

鼠标右击右视图，在快捷菜单中选择【视图对齐】→【原点水平对齐】命令，然后再单击【主视图】，完成视图对齐，如图 7-55 所示。

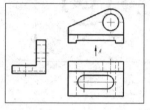

图 7-54　移动右视图

图 7-55　视图对齐

（3）旋转视图

SolidWorks 可以对生成的视图做旋转，如【斜视图】。国家标准规定必要时允许将【斜视图】或【斜剖视图】旋转成水平或竖直位置表达。如图 7-56 所示，单击【斜视图】，然后单击【前导视图工具栏】上的【旋转视图】按钮，弹出【旋转工程视图】对话框，在【工程视图角度】文本框中输入"－60"，角度值的"正负"控制旋转方向，取消【随视图旋转中心符号线】的复选框，单击【应用】按钮再单击【关闭】按钮，完成视图旋转。

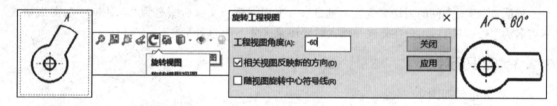

图 7-56　旋转视图

（4）删除视图

单击需要删除的视图，按【Delete】键，弹出【确认删除】对话框，单击【是】按钮，即可删除所选视图。注意：当删除某一个视图时，其自身的派生视图（基于该视图所生成的视图）也被一并删除。

（5）隐藏和显示视图

在工程图设计过程中，有时需要对某个视图进行隐藏。右击需要隐藏的视图，在弹出的快捷菜单中单击【隐藏】按钮。在【设计树】中，被隐藏的视图名称呈灰色，右击该视图名称，在弹出的快捷菜单中单击【显示】按钮，即可将隐藏的视图显示出来。

7.3　创建三维模型的剖视图

假想用剖切面将机件剖开，将位于观察者和剖切面之间的部分移去，而将其余部分向投影面投射所得的图形称为剖视图。剖视图主要用于表达机件的内部结构和形状。

7.3.1　案例介绍和知识要点

案例介绍：

根据《机械制图》国家标准关于机件表达方法中的规定,剖视图的种类分为以下几种。

(1)按剖切范围:全剖视图、半剖视图和局部剖视图;

(2)按剖切面种类:斜剖视图、阶梯剖视图、旋转剖视图、复合剖视图。

本节通过模型实例,分别介绍运用【剖面视图】和【断裂视图】的方式,如何创建各种剖视图。

知识要点：

(1)熟悉国家标准关于剖视图的规定画法和剖视图标注;

(2)掌握运用【剖面视图】和【断裂视图】的方式,创建剖视图;

(3)掌握添加中心线和中心符号线的方法;

(4)掌握筋特征剖切的简化画法。

7.3.2　操作步骤

步骤一:创建全剖视图。

(1)新建工程图文件。利用【模型视图】方式,添加三维模型的【俯视图】。

(2)创建主视全剖视图。

①单击【视图布局】工具栏上的【剖面视图】按钮 ⇄,弹出【剖面视图辅助】属性管理器,选择【剖面视图】选项卡,在【切割线】组,单击【水平】按钮 ,如图 7-57 所示。

②确定切割线位置。将鼠标指针移动至【俯视图】的圆心附近,系统自动捕捉到该圆心,单击鼠标左键,弹出【偏移切割线】方式的快捷菜单,单击【确定】按钮 ✓,如图 7-58 所示。

图 7-57　剖面视图属性管理器

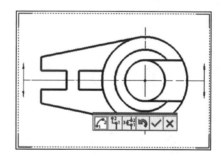

图 7-58　确定切割线位置

③排除【筋特征】。由于【筋特征】做纵向剖切时,规定按不剖绘制。所以对该模型做主视全剖视图时,需要取消对【筋特征】的剖切。此时弹出【剖面视图】对话框,选择【筋特征】列表框激活,单击【俯视图】中筋板的轮廓,列表框中出现该【筋特征】名称,单击【确定】按钮,如图 7-59 所示。

④在【俯视图】上方移动鼠标,单击,将【主视全剖视图】放置在合适位置,如图 7-60 所示,完成全剖视图的创建。

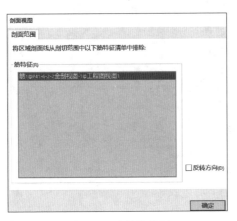

图 7-59　选择筋特征

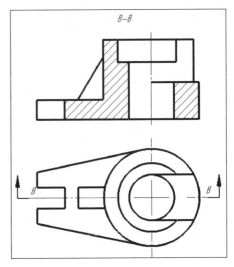

图 7-60　主视全剖视图

步骤二: 创建主视半剖视图。

(1)新建工程图文件。利用【模型视图】方式,添加三维模型的【俯视图】。

(2)创建主视半剖视图。

①单击【视图布局】工具栏上的【剖面视图】按钮 ↕,弹出【剖面视图辅助】属性管理器,选择【半剖面】选项卡,在【半剖面】组,单击【右侧向上】按钮,如图 7-61 所示。

②确定切割线位置,创建【主视半剖视图】。将鼠标指针移动至【俯视图】的中心附近,系统自动捕捉到圆心,单击,弹出【主视半剖视图】的预览图形,向上移动鼠标,单击,将【主视半剖视图】放置到合适位置,如图 7-62 所示。

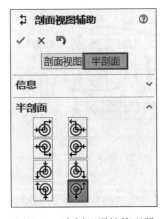

图 7-61　半剖面属性管理器

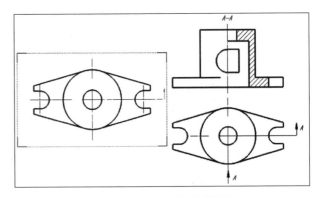

图 7-62　创建主视半剖视图

步骤三: 创建局部剖视图。

(1)新建工程图文件。利用【模型视图】方式,添加三维模型的【主视图】和【俯视图】。

(2)创建局部剖视图。

①单击【草图】工具栏上的【样条曲线】按钮 Ɲ，在【主视图】上绘制一封闭的曲线轮廓，确定局部剖视图的剖切范围，如图 7-63 所示。

②选中封闭的曲线轮廓，单击【视图布局】工具栏上的【断开的剖视图】按钮，图纸区左侧弹出【断开的剖视图】属性管理器，勾选【预览】前面的复选框，单击【俯视图】左侧阶梯孔投影的圆，指定剖切位置，如图 7-64 所示，【主视图】生成【局部剖视图】的预览，单击属性管理器的【确定】按钮 ✔，完成该模型主视【局部剖视图】的创建。

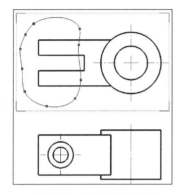
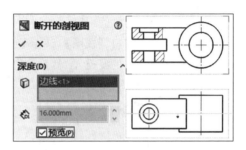

图 7-63　绘制封闭轮廓　　　　　图 7-64　创建主视局部剖视图

③按照同样的操作，创建俯视【局部剖视图】，如图 7-65 所示，单击属性管理器的【确定】按钮 ✔，完成该模型俯视【局部剖视图】的创建。

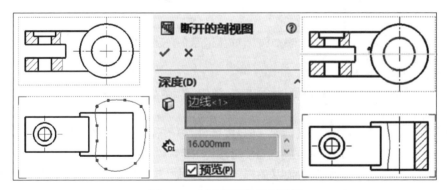

图 7-65　创建俯视局部剖视图

步骤四：创建斜剖视图。

(1)新建工程图文件。利用【模型视图】方式，添加三维模型的【主视图】。

(2)创建斜剖视图。

①单击【视图布局】工具栏上的【剖面视图】按钮 ↔，弹出【剖面视图辅助】属性管理器，选择【剖面视图】选项卡，在【切割线】组，单击【辅助视图】按钮，如图 7-66 所示。

②确定切割线位置。将鼠标指针移动至【主视图】上，分别捕捉法兰盘上任意两个圆的圆心，依次单击，弹出【偏移切割线】方式的快捷菜单，单击【确定】按钮 ✔，如图 7-67 所示。

③单击【确定】按钮后，生成【A-A 斜剖视图】预览图形，拖动鼠标并单击，将【斜剖视图】放置到合适位置，如图 7-68 所示，创建出斜剖视图。

图 7-66　选择切割线方式

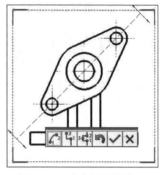

图 7-67　确定切割线位置

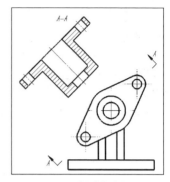

图 7-68　创建斜剖视图

④修改剖面线的角度。在【斜剖视图】上单击【剖面线】的区域,弹出【区域剖面线/填充】属性管理器,先取消【材质剖面线】前面的复选框,然后在【角度】文本框中输入"30",单击【确定】按钮 ✓,完成剖面线修改,如图 7-69 所示。

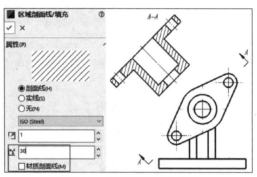

图 7-69　修改剖面线的角度

步骤五: 创建阶梯剖视图。

(1)新建工程图文件。利用【模型视图】方式,添加三维模型的【俯视图】。

(2)创建阶梯剖视图。

①单击【视图布局】工具栏上的【剖面视图】按钮 ⇄,弹出【剖面视图辅助】属性管理器,选择【剖面视图】选项卡,在【切割线】组,单击【水平】按钮,如图 7-70 所示。

②确定切割线位置。移动鼠标捕捉【俯视图】中【长圆形】轮廓的圆心,单击左键,确定【切割线】第一点,如图 7-71 所示。弹出【偏移切割线】方式的快捷菜单,单击【单偏移】按钮,如图 7-72 所示。

图 7-70　选择切割线方式

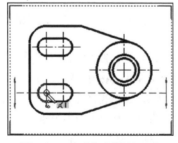

图 7-71　确定切割线第一点

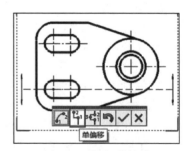

图 7-72　执行单偏移

③移动鼠标在合适位置单击左键,确定【阶梯剖】剖切线的转折点,如图 7-73 所示。移动鼠标捕捉【俯视图】右侧圆的圆心,单击左键,确定【单偏移】的第二点,如图 7-74 所示。再次弹出【偏移切割线】方式的快捷菜单,单击【确定】按钮 ✓ ,生成【A-A 阶梯剖视图】预览图形,向上拖动鼠标并单击左键将【阶梯剖视图】放置到合适位置,如图 7-75 所示,创建出【阶梯剖视图】。

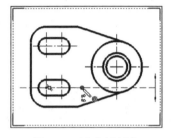

图 7-73　确定转折点

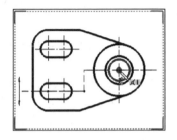

图 7-74　确定切割线位置

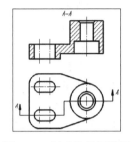

图 7-75　创建阶梯剖视图

步骤六:创建旋转剖视图。

(1)新建工程图文件。利用【模型视图】方式,添加三维模型的【主视图】。

(2)创建左视旋转剖视图。

①单击【视图布局】工具栏上的【剖面视图】按钮 ⇄ ,弹出【剖面视图辅助】属性管理器,选择【剖面视图】选项卡,在【切割线】组,单击【对齐】按钮 🔧 ,如图 7-76 所示。

②确定切割线位置。移动鼠标依次捕捉并单击【主视图】中三个圆心,确定【切割线】位置,如图 7-77 所示。

③弹出【偏移切割线】方式的快捷菜单,单击【确定】按钮 ✓ ,生成【A-A 旋转剖视图】预览图形,向右拖动鼠标并单击,将【左视旋转剖视图】放置到合适位置,如图 7-78 所示。

图 7-76　选择切割线方式

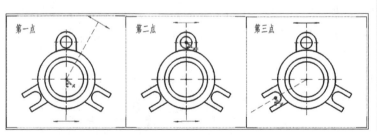

图 7-77　确定切割线位置

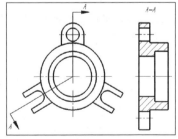

图 7-78　创建旋转剖视图

7.3.3　知识拓展

7.3.3.1　剖面视图

1. 基本剖切方式

当用户执行【视图布局】中的【剖面视图】命令时,其属性管理器【剖面视图】选项卡中的【切割线】有四种剖切方式,主要用于创建机件的全剖视图。

（1）切割线【竖直】方式，对于机件的【主视图】和【俯视图】做"左右"剖切，而对【左视图】做"前后"剖切，剖切平面与基本投影面平行。

（2）切割线【水平】方式，对于机件的【俯视图】做"前后"剖切，而对于【主视图】和【左视图】做"上下"剖切，剖切平面与基本投影面平行。

（3）切割线【辅助视图】方式，用于创建机件的【斜剖视图】，剖切平面与基本投影面垂直。

（4）切割线【对齐】方式，用于创建机件的【旋转剖视图】，两个剖切平面可以绕公共回转轴线旋转，反映在视图上，就是两条切割线可以绕指定的第一点旋转。

2. 切割线偏移方式应用

在用户创建机件的全剖视图时，选择了基本剖切方式的其中一种，在指定【切割线】位置后，会弹出【切割线】偏移方式的快捷菜单，如图 7-79 所示。如果用户只是用单一的剖切平面或相交的两个剖切平面做剖切，单击快捷菜单的【确定】按钮 ✓，完成剖视图的创建。

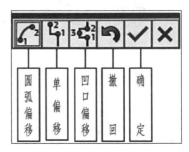

图 7-79　切割线偏移方式

当机件的内部结构层次较多时，用一个剖切平面不能同时剖到机件的多个内部结构，遇到这样的情况，机件的表达方法规定可以用两个以上相互平行的剖切平面或者用几个相交的剖切平面和柱面做剖切。反映在视图上，需要对【切割线】进行转折，以达到能同时剖切机件内部结构的目的。

基本剖切方式和切割线偏移方式的任意组合，即可创建如【阶梯剖视图】、【复合剖视图】等机件的表达方法。

（1）圆弧偏移——剖切柱面的转折。如图 7-80 所示，切割线【对齐】与【圆弧偏移】组合，创建复合剖视图。

①创建模型【主视图】，选择【切割线对齐】方式，单击鼠标左键分别指定【切割线】的三个定位点，如图 7-80（a）所示。

②弹出【切割线】偏移方式的快捷菜单，单击【圆弧偏移】按钮，单击，分别指定【圆弧切割线】的两个定位点，如图 7-80（b）所示。

③再次弹出【切割线】偏移方式的快捷菜单，此时所有【切割线】颜色全部呈【黑色】，说明【切割线】偏移的操作已经完成，如果无须再偏移【切割线】，单击【确定】按钮 ✓，向下拖动鼠标，单击左键，完成该机件俯视的全剖视图，如图 7-80（c）所示。

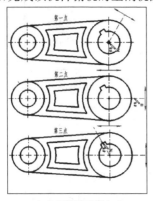

（a）切割线对齐方式

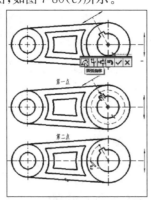

（b）圆弧偏移

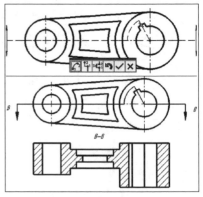

（c）生成俯视全剖视图

图 7-80　圆弧偏移应用

（2）单偏移——两个以上相互平行的剖切平面的转折，多用于创建【阶梯剖视图】。【单偏移】的应用，用户可参考"操作步骤五"。

（3）凹口偏移——两个以上相互平行的剖切平面的转折，是对【单偏移】的简化，多用于创建比较复杂的【复合剖视图】，如图 7-81 所示。

①创建模型【主视图】，执行【剖面视图】→【水平】切割线方式，指定水平切割线第一点，弹出【切割线】偏移方式的快捷菜单，单击【凹口偏移】按钮 🖱，如图 7-81(a)所示。

②单击，分别指定【凹口偏移】切割线的三个定位点，如图 7-81(b)所示。

③再次弹出【切割线】偏移方式的快捷菜单，单击【确定】按钮 ✔，向下拖动鼠标，单击，完成该机件俯视的【全剖视图】，如图 7-81(c)所示。

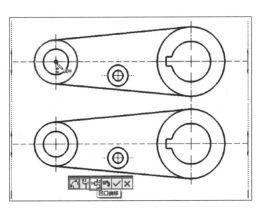

（a）执行凹口偏移

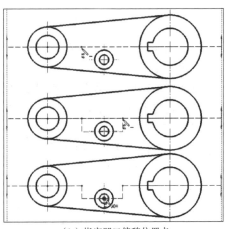

（b）指定凹口偏移位置点

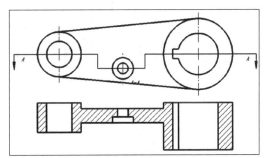

（c）生成俯视全剖视图

图 7-81　凹口偏移应用

7.3.3.2　半剖面

当用户执行【视图布局】中的【剖面视图】命令，在其属性管理器【半剖面】选项卡中的【切割线】有八种剖切方式，主要用于创建半剖视图。如图 7-82 所示，八种剖切方式确定了剖切的位置和投射的方向，从图标的显示，用户根据表达的需要决定选择剖切方式。

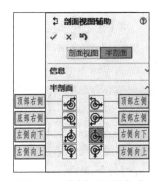

图 7-82　半剖面切割方式

【例7-5】 创建图7-83所示模型的主视半剖视图和左视半剖视图。

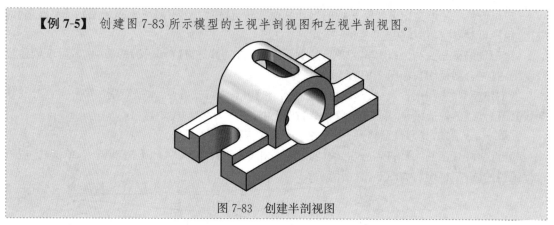

图7-83 创建半剖视图

(1)新建工程图文件。利用【模型视图】方式,添加三维模型的【俯视图】。

(2)创建主视半剖视图。

①单击【视图布局】工具栏上的【剖面视图】按钮 ,弹出【剖面视图辅助】属性管理器,选择【半剖面】选项卡,在【半剖面】组,单击【右侧向上】按钮 ,如图7-84(a)所示。

②确定切割线位置,创建【主视半剖视图】。将鼠标指针移动至【俯视图】的中心附近,系统自动捕捉到圆心,单击,弹出【主视半剖视图】的预览图形,向上移动鼠标,单击,将【主视半剖视图】放置到合适位置,如图7-84(b)所示。

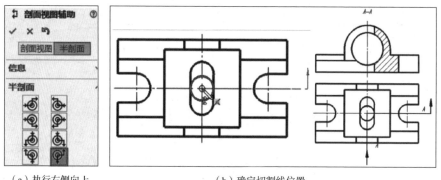

(a)执行右侧向上　　　　　　(b)确定切割线位置

图7-84 创建主视半剖视图

(3)创建左视半剖视图

①单击【视图布局】工具栏上的【剖面视图】按钮 ,弹出【剖面视图辅助】属性管理器,选择【半剖面】选项卡,在【半剖面】组,单击【底部右侧】按钮 ,如图7-85(a)所示。

②确定切割线位置,创建【左视半剖视图】。将鼠标指针移动至【俯视图】的中心附近,系统自动捕捉到圆心,单击,弹出【左视半剖视图】的预览图形,向右移动鼠标,单击,将【左视半剖视图】放置到合适位置,如图7-85(b)所示。

(4)定位左视半剖视图

①解除视图对齐关系。右击【左视半剖视图】,在弹出的快捷菜单中选择【视图对齐】→【解除对齐关系】命令,如图7-86(a)所示。

②旋转视图。单击【左视半剖视图】按钮,然后单击【前导视图工具栏】上的【旋转视图】按钮

（a）执行底部右侧

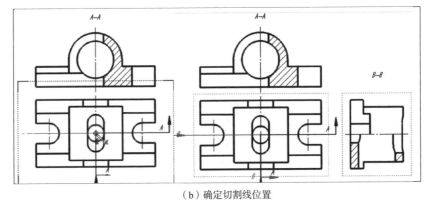

（b）确定切割线位置

图 7-85　创建左视半剖视图

，弹出【旋转工程视图】对话框，在【工程视图角度】文本框中输入"90"，单击【应用】按钮，再单击【关闭】按钮，添加必要的中心线，调整中心线长度，如图 7-86（b）所示。

③视图对齐。右击【左视半剖视图】按钮，在弹出的快捷菜单中选择【视图对齐】→【原点水平对齐】命令，然后单击【主视半剖视图】按钮，完成【左视半剖视图】与【主视半剖视图】"高平齐"的对齐关系，如图 7-86（c）所示。

（a）解除视图对齐关系

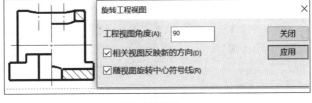

（b）旋转视图

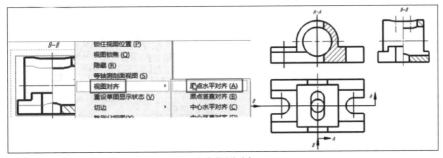

（c）视图对齐

图 7-86　定位左视半剖视图

7.3.3.3　利用【断开的剖视图】创建半剖视图

【例 7-6】 创建图 7-83 所示模型的主视半剖视图和左视半剖视图。

（1）新建工程图文件。利用【模型视图】方式，添加三维模型的主视图、俯视图和左视图，如

图 7-87 所示。

（2）创建主视半剖视图

①绘制矩形轮廓。单击【草图】工具栏上的【矩形】按钮 □，在【主视图】绘制一个矩形轮廓，完全包围【主视图】的右半侧，如图 7-88（a）所示。

②创建【断开的剖视图】。单击【视图布局】工具栏上的【断开的剖视图】按钮 ▣，图纸区左侧弹出【断开的剖视图】属性管理器，勾选【预览】前面的复选框，单击【俯视图】右侧 U 形槽投影的半圆弧，确定剖切位置，如图 7-88（b）所示，【主视图】生成【半剖视图】的预览，单击属性管理器的【确定】按钮 ✓，完成该模型【主视半剖视图】的创建。

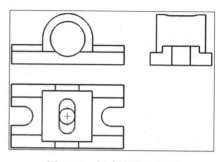

图 7-87 创建模型三视图

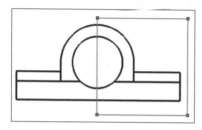

（a）绘制矩形轮廓

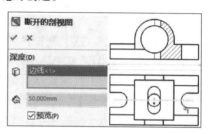

（b）生成主视半剖视图

图 7-88 利用断开的剖视图创建主视半剖视图

③隐藏边线。鼠标依次单击【主视图】中间自动生成的两条细实线，在弹出的快捷菜单中单击【隐藏/显示边线】按钮 ▣，将两条边线隐藏，如图 7-89 所示。

④添加中心符号线。单击【注解】工具栏上的【中心符号线】按钮 ⊕，单击【主视图】中间的圆弧，系统自动添加圆弧的【中心符号线】，单击【中心符号线】属性管理器的【确定】按钮 ✓，如图 7-90 所示。鼠标拖动【中心符号线】的各个端点，调整中心线的长度，符合国标要求即中心线超出图形轮廓线 2～5mm。

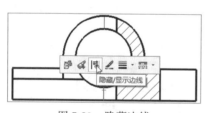

图 7-89 隐藏边线

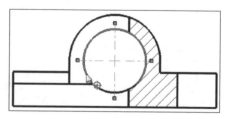

图 7-90 添加中心符号线

（3）创建左视半剖视图

①绘制矩形轮廓。单击【草图】工具栏上的【矩形】按钮 □，在【左视图】绘制一个矩形轮廓，完全包围【左视图】的前半侧，如图 7-91（a）所示。

②创建【断开的剖视图】。单击【视图布局】工具栏上的【断开的剖视图】按钮 ▣，图纸区左侧弹出【断开的剖视图】属性管理器，勾选【预览】前面的复选框，单击【主视图】中间圆柱孔投影的圆弧，确定剖切位置，如图 7-91（b）所示，【左视图】生成【半剖视图】的预览，单击属性管理器的【确定】按钮 ✓，完成该模型左视半剖视图的创建。

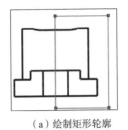
（a）绘制矩形轮廓

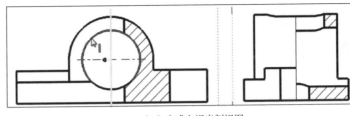
（b）生成左视半剖视图

图 7-91　利用断开的剖视图创建主视半剖视图

③隐藏边线。鼠标单击【左视图】中间自动生成的边线，在弹出的快捷菜单中单击【隐藏/显示边线】按钮，将该边线隐藏，如图 7-92 所示。

④添加中心线。单击【注解】工具栏上的【中心线】按钮，依次单击【左视图】中的边线，分别添加竖直和水平中心线，单击【中心线】属性管理器的【确定】按钮 ✓，如图 7-93 所示。鼠标拖动【中心线】的端点，调整中心线的长度，符合国标要求即中心线超出图形轮廓线 2~5mm。

图 7-92　隐藏边线

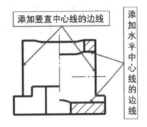

图 7-93　添加中心线

说明：SolidWorks 工程图环境添加中心线的方式有：

①中心符号线，为圆或圆弧添加十字中心线；

②中心线，为两条等距的直线或圆弧之间添加对称中心线；

③在【草图】工具栏中，执行【中心线】命令，直接绘制中心线。

7.4　断　面　图

假想用剖切面将机件某处切断，仅画出断面的图形称为断面图，简称断面。

7.4.1　案例介绍和知识要点

案例介绍：

根据《机械制图》国家标准关于机件表达方法中的规定，断面图的种类有以下几种。

(1)移出断面图：画在视图之外的断面图；

(2)重合断面图：画在视图之内的断面图。

本节通过模型实例，分别介绍运用【剖面视图】的方式，创建【移出断面图】和【重合断面图】的过程。

知识要点：

(1)熟悉国家标准关于断面图的规定画法和标注；

(2)掌握运用【剖面视图】的方式，创建断面图。

视频 ●┈┈┈┈┄

断面图

7.4.2 操作步骤

步骤一:创建移出断面图。

(1)新建工程图文件。利用【模型视图】方式,添加阶梯轴的【主视图】,添加中心线,如图 7-94 所示。

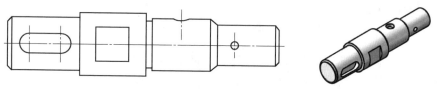

图 7-94　阶梯轴主视图及轴测图

(2)创建"键槽"的移出断面图

①确定切割方式。单击【视图布局】工具栏上的【剖面视图】按钮 ↔ ,弹出【剖面视图辅助】属性管理器。选择【剖面视图】选项卡,在【切割线】组,单击【竖直按钮】,如图 7-95 所示。

②确定切割线位置。移动鼠标至"键槽"轮廓中间位置,单击左键,确定剖切位置,如图 7-96 所示。

图 7-95　确定切割方式

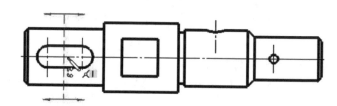

图 7-96　确定切割线位置

③创建【移出断面图】。单击【剖面视图辅助】属性管理器的【确定】按钮 ✔ ,弹出【剖面视图 A-A】属性管理器,勾选【横截剖面】复选框。向左或右移动鼠标至【主视图】的左侧或右侧,单击左键,确定"键槽"【移出断面图】的位置,添加中心符号线,如图 7-97 所示。

④移动【移出断面图】。【移出断面图】可以按"投影关系"配置,如图 7-97 所示。也可以自由配置,通常配置在剖切平面的延长线上,或其他适当位置。鼠标右击【A-A 断面图】,在快捷菜单中选择【视图对齐】|【解除对齐关系】命令,将【A-A 断面图】移动到【主视图】切割线的正下方,如图 7-98 所示。

步骤二:创建重合断面图。

(1)新建工程图文件。利用【模型视图】方式,添加槽钢的【主视图】,如图 7-99 所示。

(2)创建"槽钢"的重合断面图

①确定切割方式。单击【视图布局】工具栏上的【剖面视图】按钮 ↔ ,弹出【剖面视图辅助】属性管理器。选择【剖面视图】选项卡,在【切割线】组,单击【竖直按钮】,如图 7-100 所示。

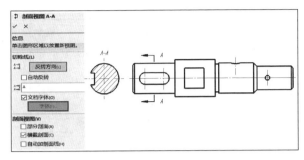

图 7-97 键槽移出断面图

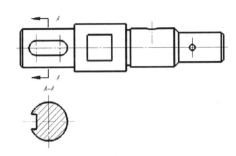

图 7-98 移动断面图

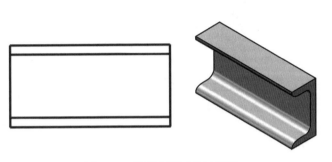

图 7-99 槽钢主视图及轴测图

图 7-100 确定切割方式

②确定切割线位置。移动鼠标至"槽钢"主视图轮廓中间位置,单击左键,确定剖切位置,如图 7-101 所示。

③单击【剖面视图辅助】属性管理器的【确定】按钮 ✓ ,弹出【剖面视图 A-A】属性管理器,勾选【横截剖面】复选框。此时"槽钢"【主视图】轮廓内出现【剖面视图 A-A】的预览图形,移动鼠标将【剖面视图 A-A】拖动至【主视图】左侧,单击鼠标左键,确定【剖面视图 A-A】的放置位置,如图 7-102 所示。

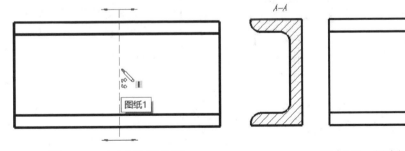

图 7-101 确定切割线位置

图 7-102 创建剖面视图 A-A

④隐藏【切割线】和【A-A】视图名称。右击【切割线】,在快捷菜单中选择【隐藏切割线】命令,如图 7-103 所示,将【切割线】隐藏,用同样的操作方式隐藏【A-A】的标注。

⑤修改【剖面视图 A-A】轮廓线的线宽。按住【Ctrl】键,依次全部选择【剖面视图 A-A】的轮廓边线,单击图形区左下角【线型】工具栏中的【线宽】按钮 ≡ ,选择【0.25mm】的线宽,如图 7-104 所示。

⑥移动【剖面视图 A-A】至【主视图】轮廓中间位置,最终得到"槽钢"的【重合断面图】,如图 7-105 所示。

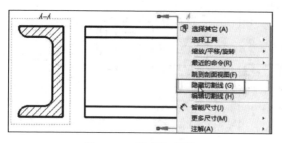

图 7-103 隐藏切割线

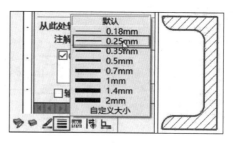

图 7-104 修改线宽

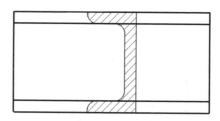

图 7-105 槽钢重合断面图

7.4.3 知识拓展

1. 断面图与剖视图的区别

断面图是零件上剖切处断面的投影,而剖视图则是剖切面后零件的投影。

因此用户在执行【剖面视图】,选择【切割线】方式,确定【切割线】位置后,在【剖面视图 A-A】的属性管理器中勾选【横截剖面】复选框,将得到【断面图】,否则得到的是【剖视图】。单击【反转方向】按钮,可以改变投影方向,如图 7-106 所示。

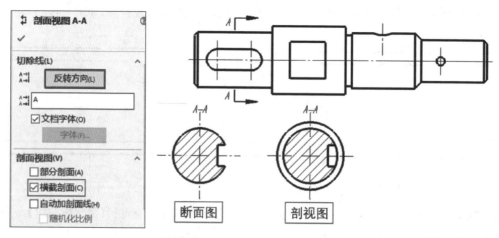

图 7-106 断面图与剖视图的区别

2. 移出断面图的规定画法

(1)移出断面图的轮廓线为粗实线,在断面图中应绘制剖面符号。

(2)剖切面通过回转面形成孔或凹坑的轴线时,这些结构按剖视图绘制,如图 7-107 所示。

（3）剖切面通过非圆孔，而导致出现完全分离的两个断面时，应按剖视图绘制，如图 7-108 所示。

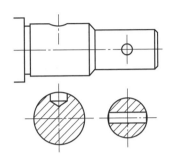

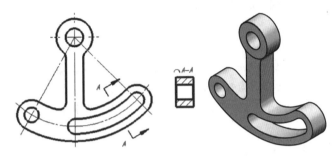

图 7-107　通过圆柱孔轴线　　　　　　　　图 7-108　出现完全分离的两个断面

3. 重合断面图的规定画法

（1）重合断面图的轮廓线用细实线绘制。因此，创建出断面图后，需要修改断面图轮廓线的线宽，为细实线的线宽，如上述"步骤二"的操作过程。

（2）为了得到断面的真实形状，剖切平面一般应垂直于零件上被剖切部分的轮廓线，如图 7-109 所示，筋板的重合断面图。

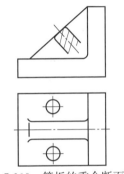

图 7-109　筋板的重合断面图

7.5　其他规定画法

视频

筋板的重合断面图。

其他规定画法

7.5.1　案例介绍和知识要点

案例介绍：

《机械制图》国家标准关于机件的表达还规定了一些其他画法。

（1）局部放大图：为了把物体上的某些局部结构在视图上表达清楚，可以将这些局部结构用大于原图形所采用的比例画出，这种图形称为局部放大图。

（2）断裂视图：对于较长的机件（轴、杆、型材等）沿长度方向的形状一致或按一定规律变化时，可断开后缩短绘制。

（3）筋板、轮辐等简化画法：如按纵向（剖切平面平行于筋板厚度方向）剖切时，不画剖面符号，用粗实线与其邻接部分分开。

本节通过模型实例，分别介绍运用【局部视图】和【断裂视图】的方式，创建【局部放大图】和【断裂视图】的过程。

知识要点：

（1）熟悉国家标准关于其他规定画法和简化画法；

（2）掌握运用【局部视图】和【断裂视图】的方式，创建视图。

7.5.2 操作步骤

步骤一:创建局部放大图。

(1)新建工程图文件。利用【模型视图】方式,添加轴的【主视图】。

(2)创建局部放大图。

①单击【视图布局】工具栏上的【局部视图】按钮 ⓐ,弹出【局部视图】属性管理器,根据提示,在需要局部放大的结构处绘制圆,如图 7-110 所示。

②再次弹出【局部视图】属性管理器,在【比例】组中勾选【使用自定义比例】选项,在列表框中选择需要的比例尺,或者在文本框中直接输入比例尺。拖动鼠标将局部放大图放置在合适的位置,如图 7-111 所示。

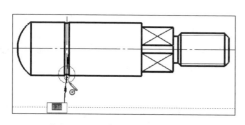

图 7-110　确定局部放大区域

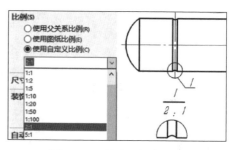

图 7-111　创建局部放大图

说明:

①局部放大图可画成视图、剖视图和断面图,与原图的表达无关;

②当同一零件有多处局部放大时,用细实线圆圈出放大部位,用罗马数字对局部放大图编号,标明放大比例,如图 7-112 所示;

③仅需一处局部放大,圈住被放大部位,不编号,只注明放大比例;

④局部放大图采用剖视图和断面图时,剖面线的方向和间距与原图一致;

⑤局部放大图的比例是与机件对应要素的线性尺寸比,与原图比例无关。

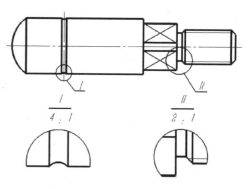

图 7-112　两处以上局部放大图

步骤二:创建断裂视图。

(1)新建工程图文件。利用【模型视图】方式,添加连杆的【主视图】。

(2)创建断裂视图。

①单击【视图布局】工具栏上的【断裂视图】按钮 ⑰,弹出【断裂视图】属性管理器,根据提示,单击选择连杆的【主视图】,在【断裂视图】属性管理器中,切除方向选择【添加竖直折断线】按钮 ⑰,缝隙大小文本框中根据需要输入值,折断线样式选择【曲线切断】按钮 ⑫,如图 7-113 所示。

②移动鼠标并单击,将两条折断线放置在适当位置,如图 7-114 所示。

图 7-113 确定折断线样式

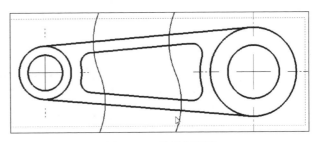

图 7-114 放置折断线

③单击【断裂视图】属性管理器上的【确定】按钮 ✓，完成【断裂视图】的创建，如图 7-115 所示。

说明：【断裂视图】断裂处的边界线可采用波浪线、中断线、双折线绘制，标注尺寸时应按原来实际长度标注，如图 7-115 所示。

步骤三：创建筋板的剖切。

(1)新建工程图文件。利用【模型视图】方式，添加支座的【主视图】。

(2)创建左视全剖视图。

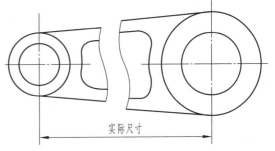

图 7-115 创建断裂视图

①单击【视图布局】工具栏上的【剖面视图】按钮 ✳，弹出【剖面视图辅助】属性管理器，依次选择【剖面视图】选项卡，切割线【竖直】按钮 ▤，在【主视图】中单击，确定切割线位置，如图 7-116 所示。

②单击【剖面视图辅助】属性管理器的【确定】按钮 ✓，弹出【剖面视图】排除筋特征对话框，在【主视图】筋板轮廓内单击，选择筋板，单击对话框的【确定】按钮，如图 7-117 所示。

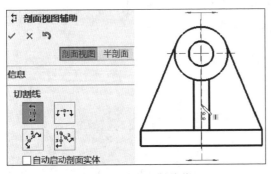

图 7-116 确定切割线位置

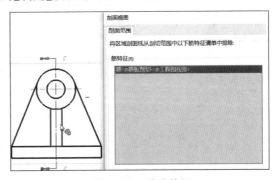

图 7-117 排除筋板

③在【剖面视图 A-A】属性管理器中单击【反转方向】按钮，移动鼠标将【左视全剖视图】放置在合适位置，如图 7-118 所示。筋板按纵向剖切，其轮廓范围内不绘制剖面符号。

(3)创建俯视全剖视图。

①单击【视图布局】工具栏上的【剖面视图】按钮 ✳，弹出【剖面视图辅助】属性管理器，依次选择【剖面视图】选项卡，切割线【水平】按钮 ↔ ，在【主视图】中单击，确定切割线位置，如图 7-119 所示。

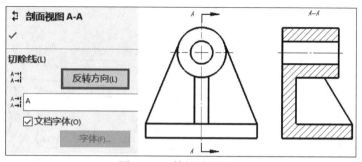

图 7-118　筋板纵向剖切

②单击【剖面视图辅助】属性管理器的【确定】按钮 ✔，弹出【剖面视图】排除筋特征对话框，此时无须选择筋特征，直接单击对话框的【确定】按钮。

③在【剖面视图 B-B】属性管理器中单击【反转方向】按钮，移动鼠标将【俯视全剖视图】放置在合适位置，如图 7-120 所示。筋板按横向剖切，按规定绘制剖面符号。

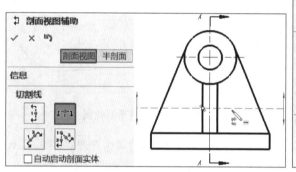

图 7-119　确定切割线位置

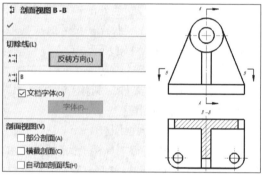

图 7-120　筋板横向剖切

7.6　零件图的尺寸标注及技术要求

7.6.1　案例介绍和知识要点

案例介绍：

根据活动钳口的三维模型和工程视图，在活动钳口零件图中标注尺寸和技术要求，如图 7-121 所示。

知识要点：

(1) 熟悉国家标准关于尺寸标注的基本要求和规则；

(2) 掌握插入尺寸的方法以及如何修改和编辑尺寸；

(3) 掌握表面粗糙度的标注；

(4) 掌握添加尺寸公差；

(5) 掌握添加几何公差。

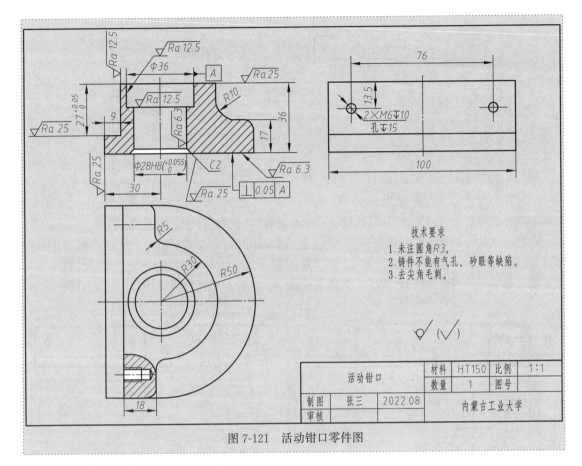

图 7-121 活动钳口零件图

7.6.2 操作步骤

步骤一：创建活动钳口工程图。

(1)新建工程图文件。在用户自定义的工程图模板中,利用【模型视图】方式,添加活动钳口的【主视图】、【俯视图】和【左视图】。

(2)创建【主视全剖视图】和【俯视局部剖视图】,隐藏切割线和图名,添加中心线,如图 7-122 所示。

步骤二：插入模型尺寸。

单击【注解】工具栏上的【模型项目】按钮 ，弹出【模型项目】属性管理器,在【来源】列表中选择【整个模型】,勾选【将项目输入到所有视图】复选框,单击【确定】按钮 ，如图 7-123 所示。

步骤三：合理布置尺寸。

(1)执行【模型项目】后,系统自动将用户建模时定义的尺寸插入到视图中,大部分尺寸集中在某一个视图上,尺寸布置不合理,需要移动尺寸;个别定位尺寸的基准不合理,或标注的样式不符合国家标准,需要删除或隐藏,重新进行标注,如图 7-124(a)所示。

(2)调整尺寸。

①隐藏尺寸。右击需要隐藏的尺寸,在快捷菜单中选择【隐藏】按钮。

②删除尺寸。单击需要删除的尺寸,按【Delete】键或右击选择【删除按钮】。

③在同一个视图中移动尺寸。单击并拖动尺寸,至合适位置松开鼠标左键。

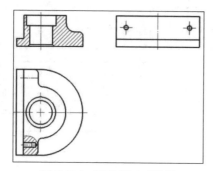

图 7-122　活动钳口三视图

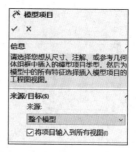

图 7-123　模型项目管理器

④尺寸数字居中。右击该尺寸,在快捷菜单中选择【显示选项】→【尺寸居中】命令。

⑤将尺寸从一个视图移动到另一个视图。按住【Shift】键,拖动鼠标将该尺寸拖至另一个视图中,松开左键。

通过对尺寸的调整,基本达到尺寸布置合理、清晰,如图 7-124(b)所示。

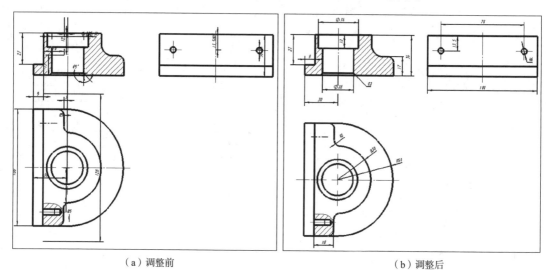

（a）调整前　　　　　　　　　　　　　　　　　　（b）调整后

图 7-124　调整尺寸

步骤四:标注尺寸。

(1)在工程图中标注尺寸,通常使用【智能尺寸】进行标注即可。单击【注解】工具栏上的【智能尺寸】按钮,或右击【智能尺寸】按钮,单击标注对象。

(2)如果需要标注特定样式的尺寸,单击【注解】工具栏上的【智能尺寸】按钮下面的倒三角,展开尺寸样式列表,或右击【更多尺寸】命令,展开尺寸样式列表,用户根据需要选择尺寸样式标注,如图 7-125 所示。

(3)倒角尺寸标注。单击尺寸样式列表中的【倒角尺寸】按钮,依次单击倒角结构的 45°轮廓线和孔端面轮廓线,拖动鼠标将倒角尺寸放置在适当位置,如图 7-126 所示。

(4)孔的尺寸标注。

①在已经插入的孔的尺寸中添加标注内容。单击左视图中螺纹孔的尺寸【M6】,弹出【尺寸】属

性管理器,在【标注尺寸文字】文本框中输入添加的内容,添加符号可在下面的【符号区】选择相应按钮,如【深度】符号▽,如图 7-127(a)所示。

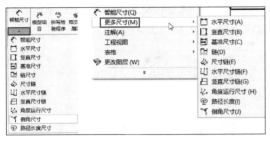

图 7-125　尺寸样式列表

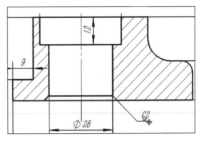

图 7-126　倒角尺寸标注

②单击【注解】工具栏上的【孔标注】按钮 ⊔∅ ,鼠标指针变为 ▷⊔o ,单击左视图螺纹孔的边线,移动鼠标并单击,将【孔标注】放置在适当位置,在【尺寸】属性管理器的【标注尺寸文字】文本框中添加、删除或修改标注内容,单击【确定】按钮 ✓ ,如图 7-127(b)所示。

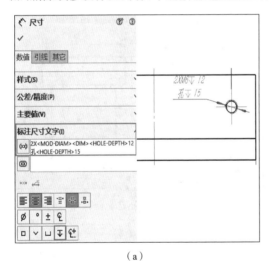

（a）

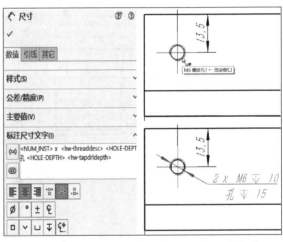

（b）

图 7-127　孔的尺寸标注

步骤五:添加尺寸公差及配合代号。

(1)标注极限偏差数值。

①单击主视图左侧尺寸【27】,弹出【尺寸】属性管理器。

②选择【数值】选项卡,在【公差/精度】组,展开【公差类型】列表,选择【双边】命令。

③展开【单位精度】列表框,选择【.12】保留小数点后两位精度。

④ 在【最大变量】文本框中输入"0.05mm",【最小变量】文本框中输入"0mm"。

⑤选择【其他】选项卡,在【公差字体大小】组中,取消【使用文档大小】复选框,选择【字体比例】,在文本框中输入"0.67",单击【确定】按钮 ✓ ,如图 7-128 所示。

(2)标注配合代号。

①单击主视图中尺寸"φ28",弹出【尺寸】属性管理器。

②选择【数值】选项卡,在【公差/精度】组,展开【公差类型】列表,选择【套合】命令。

③展开【孔套合】列表框,选择"H8"选项,单击【线性显示】按钮 ，单击【确定】按钮 ✔ ,如图 7-129 所示。

说明:如果在【公差类型】列表中选择【与公差套合】,勾选【显示括号】复选框,其他设置项同上,则基本尺寸后面配合代号、极限偏差数值同时标注出来,如图 7-130 所示。

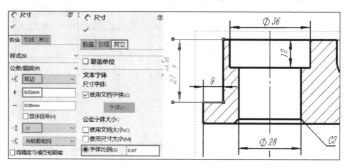

图 7-128　添加极限偏差

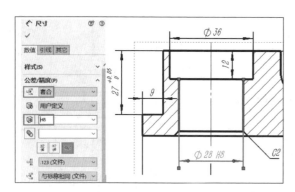

图 7-129　标注配合代号

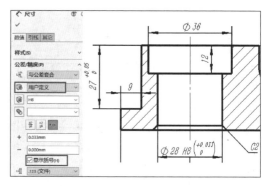

图 7-130　与公差套合标注

步骤六:标注表面粗糙度代(符)号。

(1)新国标关于表面粗糙度的标注规则。

①在同一张图样中,每一个表面一般只标注一次代(符)号,规定分别注在可见轮廓线及尺寸界线、尺寸线和其延长线上。

②符号尖端必须从材料外指向加工表面。

③表面粗糙度参数值的字高、方向与尺寸数字的字高、方向一致。

(2)标注示例。

①设置【表面粗糙度】属性管理器相应选项及参数,如图 7-131(a)所示。

a. 单击【注解】工具栏上的【表面粗糙度符号】按钮 ，弹出【表面粗糙度】属性管理器。

b. 在【符号】组,单击【要求切削加工】按钮 。

c. 在【符号布局】组,【抽样长度】文本框中输入"Ra",在【其他粗糙度值】文本框中输入"25"。

d. 在【角度】组,默认角度"0 度",单击【竖立】按钮 。

e. 在【引线】组,单击【无引线】按钮 。

②在视图中添加表面粗糙度代(符)号,如图 7-131(b)所示。

a. 将鼠标移动至需要标注的第一个表面的边线上,单击,放置表面粗糙度代(符)号,如 *Ra* 25。

b. 在【表面粗糙度】属性管理器中【其他粗糙度值】文本框中输入"12.5",将鼠标移动至需要标注的第二个表面的边线上,单击,放置表面粗糙度代(符)号,如 *Ra* 12.5。

c. 单击【表面粗糙度】属性管理器的【确定】按钮 ✔ 。

d. 鼠标拖动"*Ra* 25"至合适位置,鼠标拖动"*Ra* 12.5"至合适位置。

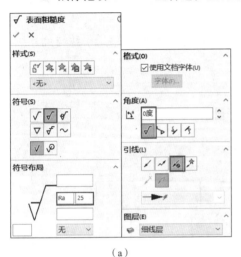

（a）

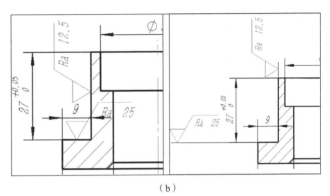

（b）

图 7-131　直接标注表面粗糙度代(符)号

e. 添加指引线标注表面粗糙度,如图 7-132 所示。

在【表面粗糙度】属性管理器的【其他粗糙度值】文本框中输入"6.3",在【引线】组先单击【引线】按钮 ，然后再单击【折弯引线】按钮 ，如图 7-132(a)所示。

将鼠标指针移动至零件下端面投影的边线上,在合适位置单击左键,移动鼠标并单击将 *Ra* 6.3 放置在合适位置,如图 7-132(b)所示。

（a）

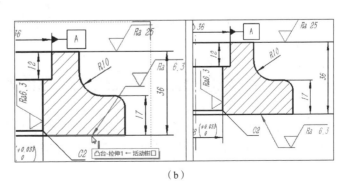

（b）

图 7-132　添加指引线标注表面粗糙度

通过直接标注和添加引线标注的方式,按照要求完成零件其余表面的粗糙度标注。

步骤七:几何公差和基准符号标注。

(1)添加基准符号。

①单击【注解】工具栏上的【基准特征】按钮 ,弹出【基准特征】属性管理器。

②在【标号设定】文本框中,按照标注顺序可以依次输入【A】、【B】、【C】…。

③在【引线】组,取消【使用文件样式】复选框,依次单击【引线】按钮 、【方形】按钮 、【实三角形】按钮 ,如图 7-133(a)所示。

④移动鼠标指针至尺寸φ36 的尺寸界线上,单击左键。移动鼠标至【基准符号】引线与尺寸线对齐,单击左键,完成【基准符号】添加,如图 7-133(b)所示。

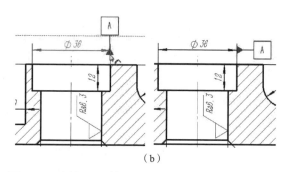

（a）　　　　　　　　　　　　　　　（b）

图 7-133　添加基准符号

(2)添加几何公差。

①单击【注解】工具栏上的【形位公差】按钮 ,弹出【形位公差】属性管理器及【属性】对话框。

②在【引线】组单击【折弯引线】按钮 ;在【角度】组单击【水平设定】按钮 ,如图 7-134(a)所示。

③在【属性】对话框中,展开【符号】列表,单击【垂直度】符号⊥;在【公差 1】文本框中输入"0.05";在【主要】文本框中输入"A",如图 7-134(b)所示。

④移动鼠标指针至主视图下端面边线上,在合适位置单击,拖动鼠标并单击将标注的【几何公差】放置在合适位置,单击【属性】对话框的【确定】按钮,如图 7-134(c)所示,完成【几何公差】的添加。

步骤八:添加文字性技术要求。

单击【注解】工具栏上的【注释】按钮 ,弹出【注释】属性管理器。在【引线】组单击【无引线】按钮 ,如图 7-135(a)所示。

在标题栏上方空白位置单击左键,指定输入文字的位置,弹出【格式化】工具栏和文本框,在文本框输入相应内容,通过工具栏可以设置文字的字体、字高等项目,如图 7-135(b)所示。

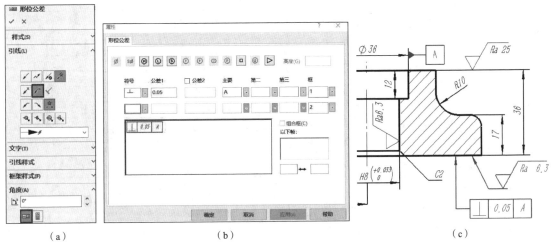

(a)　　　　　　　　　　(b)　　　　　　　　　　(c)

图 7-134　添加几何公差

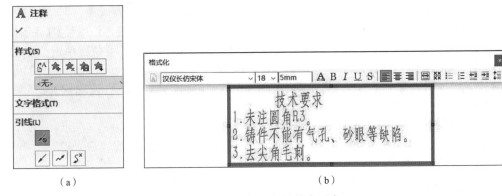

(a)　　　　　　　　　　　　　(b)

图 7-135　添加文字性技术要求

7.7　装配图中零部件序号及明细表

视频 ●┄┄┄

装配图中
零部件序号
及明细表

7.7.1　案例介绍和知识要点

创建图 7-136 所示旋塞阀装配图,添加零件序号,并在标题栏上方插入明细表。

知识要点:

(1)自动添加零件序号;

(2)插入材料明细表。

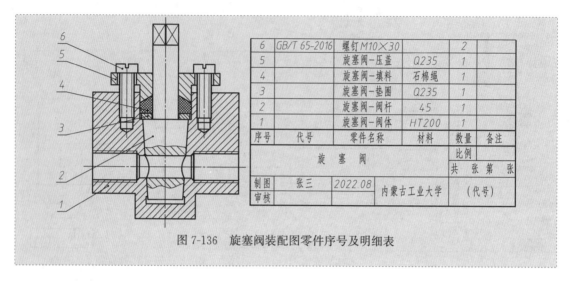

6	GB/T 65-2016	螺钉 M10×30		2	
5		旋塞阀-压盖	Q235	1	
4		旋塞阀-填料	石棉绳	1	
3		旋塞阀-垫圈	Q235	1	
2		旋塞阀-阀杆	45	1	
1		旋塞阀-阀体	HT200	1	
序号	代号	零件名称	材料	数量	备注
旋 塞 阀				比例	
				共 张 第 张	
制图	张三	2022.08	内蒙古工业大学		(代号)
审核					

图 7-136　旋塞阀装配图零件序号及明细表

7.7.2　操作步骤

步骤一：添加零件序号。

（1）在用户自定义的工程图模板中创建"旋塞阀"的装配图，主视采用全剖视图。

（2）在工程图环境中，单击【注解】工具栏上的【零件序号】按钮 ⨀，弹出【零件序号】属性管理器，各项参数按默认设置。将鼠标指针移动到需要标注序号的零件轮廓内部任意位置单击。移动鼠标至合适位置，单击，系统自动添加该零件序号。

（3）依次添加其他零件的序号，并在同一方向上保持零件序号对齐，单击【确定】按钮 ✓，如图 7-137 所示。

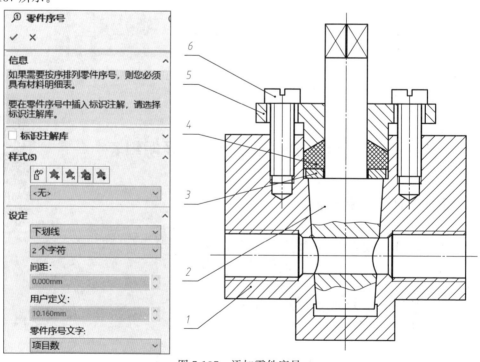

图 7-137　添加零件序号

说明：自动添加零件序号的顺序是按创建装配体时插入零部件的顺序进行排序。

步骤二:插入材料明细表。

(1)选中"旋塞阀"装配图,单击【注解】工具栏上【表格】按钮的"倒三角",在展开的列表中单击【材料明细表】按钮，弹出【材料明细表】属性管理器,各项参数按默认设置,单击【确定】按钮,移动鼠标,将明细表放置在标题栏上方,如图 7-138 所示。

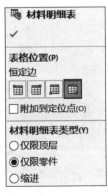

项目号	零件号	说明	数量
1	旋塞阀－阀体	HT200	1
2	旋塞阀－阀杆	45	1
3	旋塞阀－垫圈	Q235	1
4	旋塞阀－填料	石棉绳	1
5	旋塞阀－压盖	Q235	1
6	GB_FASTENER_SCREWS_SCHSM10×30-30-C		2

旋　塞　阀

比例　　　　　　　共 张 第 张

制图　张三　2022.08　内蒙古工业大学　（代号）
审核

图 7-138　插入材料明细表

(2)编辑【材料明细表】。

①鼠标移动到【材料明细表】上,明细表左上角出现标记，单击该标记,弹出【材料明细表】属性管理器,在【表格位置】组,单击【右下】按钮，如图 7-139 所示。

②单击明细表任意单元格,在明细表上方弹出【单元格工具栏】属性管理器,单击该工具栏上的【表格标题在上】按钮，将表头设置在下方,明细表中的序号应按自下而上的顺序填写。

③选中所有单元格,单击【使用文档字体】按钮，设置字体为【汉仪长仿宋体】,字高【18】,对齐方式【居中】,如图 7-140 所示。

图 7-139　定位表格位置　　　　图 7-140　字体设置

④鼠标右击任意单元格,在快捷菜单中单击【格式化】→【行高度】按钮,弹出【行高度】对话框,在文本框中输入"8.00mm"。

(3)明细表的【列】编辑。

①插入空白列。右击【项目号】列任意单元格,在快捷菜单中单击【插入】→【右列】按钮,完成右侧空白列的插入。按照同样的操作,在【数量】列右侧插入空白列。

②修改、添加表头内容。

双击【项目号】单元格,修改为【序号】,双击【项目号】右侧空白单元格,添加【代号】列。按照同样的操作,依次修改【零件号】为【零件名称】,修改【说明】为【材料】,最后一列添加【备注】列表头。

③设置列宽。右击【序号】列的任意单元格,在快捷菜单中单击【格式化】→【列宽】按钮,在弹出的【列宽】对话框中输入列宽值"15.00mm",单击【确定】按钮。再次右击【序号】列任意单元格,在快捷菜单中单击【格式化】→【锁定列宽】按钮。其余各列重复上述操作,装配图练习用标题栏及明细表的格式和尺寸如图 7-141 所示。

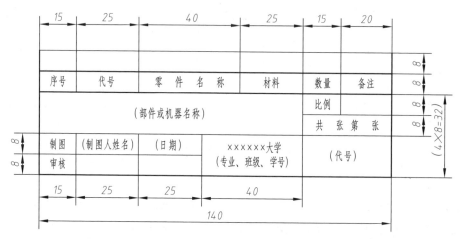

图 7-141 装配图用标题栏及明细表

(4)添加、修改单元格中相应内容。如序号【6】的零件,对应【代号】单元格中添加【GB/T 65—2016】,对应【零件名称】单元格中修改为"螺钉 M10×30"。

(5)设置明细表中表格线的宽度。单击【明细表】左上角的标记,弹出【单元格工具栏】对话框,单击工具栏上的【边界编辑】按钮,依次单击需要设置线宽的表格线,线宽值输入"0.50mm"。

7.8 上机练习

(1)自定义 A2 图纸幅面的工程图模板。图纸幅面尺寸 420×594,图框格式为留装订边 X 型,标题栏按照 GB/T 10609.1—2008 推荐的格式和尺寸绘制,如图 7-142 所示。

(2)创建组合体工程图。如图 7-143 所示,按照组合体工程图建立三维模型,由三维模型创建其工程图,要求标注齐全,采用 A4 图纸幅面、绘图比例 1:1。

(3)创建输出轴工程图。如图 7-144 所示,按照输出轴工程图建立三维模型,由输出轴三维模型创建其工程图,要求标注齐全,采用 A3 图纸幅面、绘图比例 2:1。

（4）创建端盖工程图，如图 7-145 所示，要求标注齐全，图纸幅面、绘图比例自定。

（5）创建旋塞阀装配图。由旋塞阀装配体创建其装配图，如图 7-146 所示，要求标注齐全，图纸幅面、绘图比例自定。

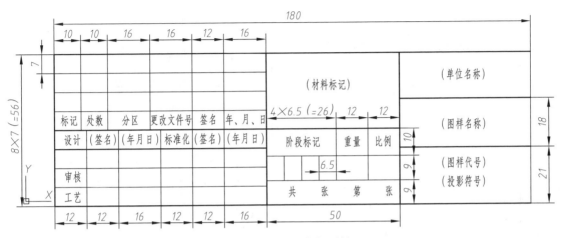

图 7-142　国标推荐标题栏

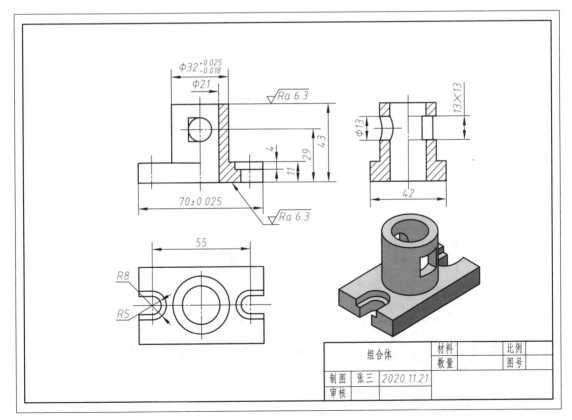

图 7-143　组合体工程图

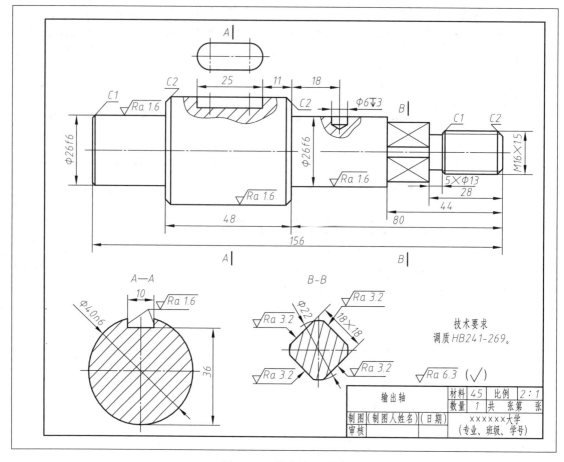

图 7-144 输出轴工程图

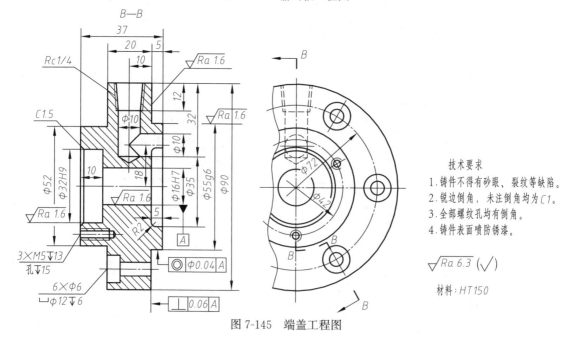

图 7-145 端盖工程图

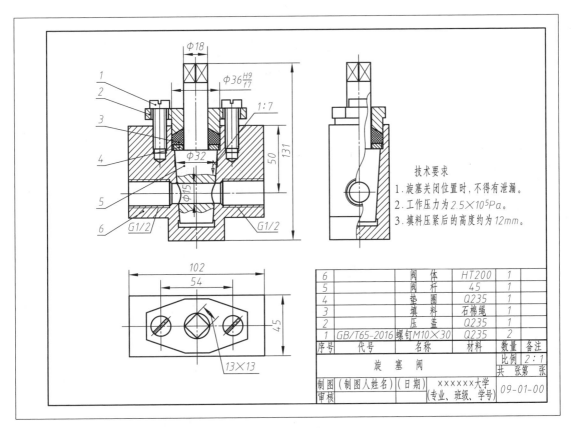

技术要求

1. 旋塞关闭位置时, 不得有泄漏。
2. 工作压力为 $2.5 \times 10^5 Pa$。
3. 填料压紧后的高度约为 $12mm$。

6		阀　体	HT200	1	
5		阀　杆	45	1	
4		垫　圈	Q235	1	
3		填　料	石棉绳	1	
2		压　盖	Q235	1	
1	GB/T65-2016	螺钉M10×30	Q235	2	
序号	代号	名称	材料	数量	备注

旋　塞　阀		比例 2:1	
		共 张第 张	
制图	(制图人姓名)	(日期)	××××××大学
审核			(专业、班级、学号)

09-01-00

图 7-146 旋塞阀装配图

参 考 文 献

[1] 梁秀娟. SolidWorks 2018 中文版机械设计基础与实例教程[M]. 北京:机械工业出版社,2020.

[2] 魏征. SolidWorks 机械设计案例教程[M]. 北京:人民邮电出版社,2014.

[3] 吴佩年. 计算机绘图基础教程[M]. 2 版. 北京:机械工业出版社,2016.

[4] 魏征. SolidWorks 2008 基础教程与上机指导[M]. 北京:清华大学出版社,2008.

[5] 窦忠强. 工业产品类 CAD 技能二、三级(三维几何建模与处理)Autodesk Inventor 培训教程[M]. 北京:清华大学出版社,2012.